Computer Vision Technology with
OpenCV and Python

OpenCV

计算机视觉技术

Python 语言描述 | 微课版

林伟鹏 李粤平 ◎ 主编

人民邮电出版社

北 京

图书在版编目（CIP）数据

OpenCV 计算机视觉技术 ：Python 语言描述 ：微课版 /
林伟鹏，李粤平主编. -- 北京 ：人民邮电出版社，
2025. --（名校名师精品系列教材）. -- ISBN 978-7
-115-66678-9

Ⅰ. TP391.413

中国国家版本馆 CIP 数据核字第 2025A176B9 号

内 容 提 要

本书使用面向 Python 的 OpenCV 讲解计算机视觉中图像处理的相关知识，内容主要包括初见
OpenCV、OpenCV 入门应用、图像平滑与形态学处理、图像基础变换、图像轮廓检测、人脸识别、图
像特征检测、图像分割、目标检测与识别、目标跟踪、神经网络、YOLOv5 目标检测。通过对本书内
容的学习，学生能够掌握 OpenCV 的基本使用方法、图像处理基础理论知识、用于图像基础变换与轮
廓检测的常见算子、图像特征检测与图像分割主流算法、目标检测识别与跟踪的原理和实现方法，以
及 OpenCV 在神经网络目标识别项目中的实际应用，熟练运用 OpenCV 解决机器学习等领域中的典型
图像处理问题。

本书适合作为职教本科院校人工智能工程技术专业、计算机应用工程专业，高等职业院校人工智
能技术应用专业、计算机应用技术专业等计算机类相关专业的教材，也可以作为使用 OpenCV 来完成
各种视觉任务的开发人员、研究者和爱好者的自学指导书。

◆ 主　　编　林伟鹏　李粤平
　　责任编辑　曹严匀
　　责任印制　王　郁　焦志炜

◆ 人民邮电出版社出版发行　　　北京市丰台区成寿寺路 11 号
　　邮编　100164　　电子邮件　315@ptpress.com.cn
　　网址　https://www.ptpress.com.cn
　　山东华立印务有限公司印刷

◆ 开本：787×1092　1/16
　　印张：13.25　　　　　　　　2025 年 6 月第 1 版
　　字数：305 千字　　　　　　　2025 年 6 月山东第 1 次印刷

定价：49.80 元

读者服务热线：(010)81055256　印装质量热线：(010)81055316
反盗版热线：(010)81055315

前　言

近年来，随着信息技术的不断创新，人工智能技术飞速发展。计算机视觉是人工智能领域的一个重要分支，它是指让计算机能够从图像、视频和其他视觉输入中获取有意义的信息，并根据该信息采取行动或提供建议。目前，计算机视觉相关技术在制造业、农业、物流、金融等多个行业中已经有了广泛的应用。OpenCV（Open Source Computer Vision Library，开源计算机视觉库）提供了丰富的图像处理函数，可以使计算机视觉应用的开发更加简单高效，是计算机视觉领域从业者必备的核心工具。OpenCV支持多种编程语言，其中面向 Python 语言的版本是最受欢迎的版本之一。

本书以数字化创新与发展为导向，以培养学生实际问题处理能力为核心，旨在让学生掌握计算机视觉中常见的基本理论知识和使用 OpenCV 对图像进行处理的关键方法，并能够在真实任务场景中应用所学知识。

本书的编写以"理实结合、循序渐进"为宗旨，将 OpenCV 核心知识分为基础入门、基本图像处理和进阶图像处理等部分，共编排了 12 章。每章在相关理论知识讲解的基础上，结合实际应用进行实践训练，主要内容包括初见 OpenCV、OpenCV 入门应用、图像平滑与形态学处理、图像基础变换、图像轮廓检测、人脸识别、图像特征检测、图像分割、目标检测与识别、目标跟踪、神经网络、YOLOv5 目标检测。

本书建议学习时长 64 学时，其中第 1 章和第 2 章各章的建议学时为 2 学时（理论 1 学时，实践 1 学时），第 3 章至第 5 章各章的建议学时为 4 学时（理论 2 学时，实践 2 学时），第 6 章至第 9 章各章的建议学时为 6 学时（理论 2 学时，实践 4 学时），第 10 章至第 12 章各章的建议学时为 8 学时（理论 3 学时，实践 5 学时）。

本书由林伟鹏、李粤平主编，配有知识点微课视频和全套的课程课件、教学大纲、教案、源代码文件等相关资源。如果有需要读者可以登录人邮教育社区（www.ryjiaoyu.com）获取资源，也可以联系编者获取，编者电子邮箱：liyueping@szpu.edu.cn。

编者

2025 年 5 月

目 录

第 **1** 章　初见 OpenCV

学习目标

- 了解计算机视觉的基本概念。
- 了解 OpenCV 与计算机视觉的关系。
- 学会安装 OpenCV 及其运行环境。

计算机视觉是研究如何使机器"具有视觉"的技术。在本书中，我们将使用 OpenCV 完成从简单到复杂的图像处理任务，同时也将对计算机视觉相关概念进行学习。

1.1　计算机视觉

计算机视觉是指通过机器设备，如摄像机、计算机等，对生物视觉进行模拟的一种技术。计算机视觉的任务就是对采集到的图像信息进行处理以实现对相应场景的多维理解。接下来我们将通过对 OpenCV 的学习进入计算机视觉的世界。

1.2　OpenCV 介绍

OpenCV 是一个跨平台的计算机视觉和机器学习软件库，包含数百种计算机视觉算法，可以运行在 Linux、Windows、Android 和 MacOS 等操作系统上。OpenCV 由 C++语言编写，同时提供 C、Python、Java、MATLAB 等编程语言的接口。这些编程语言的接口函数可以通过官方在线文档获取。

计算机视觉作为人工智能领域的分支之一，旨在研究和理解如何使机器具备人类的视觉能力。而 OpenCV 包含众多计算机视觉和图像处理的通用算法，已经成为计算机视觉领域有利的研究工具之一。

1.3　安装 OpenCV

本节将介绍面向 Python 的 OpenCV 的安装方法。Python 是解释型编程语言，用户不需要执行编译过程，程序在运行时直接由解释器对代码进行解释，转换成机器能够执行的代码。

安装 Python 以及
OpenCV 库

1.3.1　安装 Python

本书的所有项目均在 Windows 操作系统中完成，因此本节将介绍在 Windows 操作系统中安装 Python 的方法。

（1）进入 Python 官网，如图 1-1 所示，单击"Downloads"→"Windows"选项。

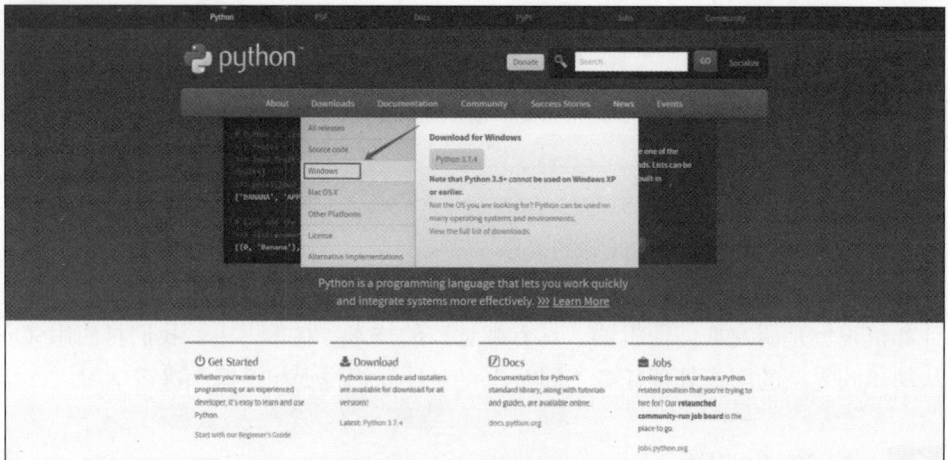

图 1-1　Python 官网

（2）进入 Python 的版本选择界面，如图 1-2 所示。单击"Latest Python 3 Release - Python 3.7.4"，进入 Python 下载界面，下载最新版的 Python，编写本书时最新版本为 3.7.4。

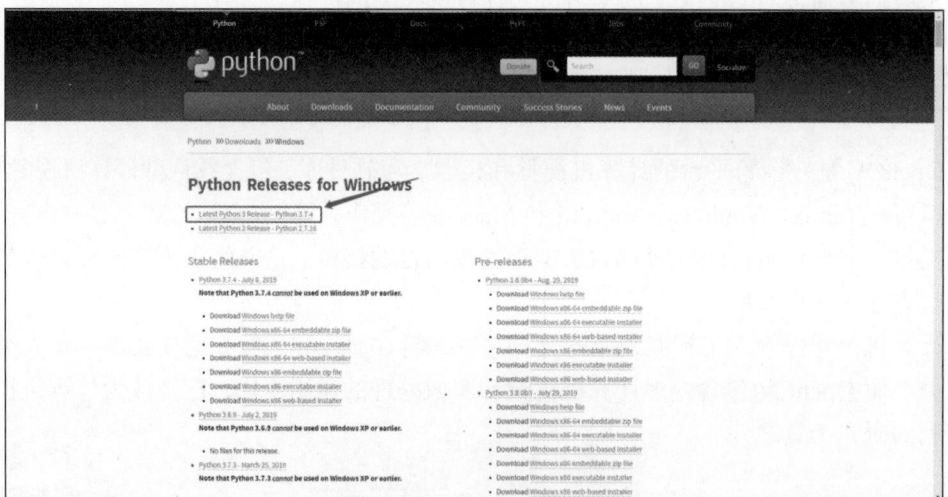

图 1-2　Python 版本选择界面

（3）进入 Python 的下载界面后，向下拖动滑块，选择对应 Windows 操作系统版本的下载链接。本书以 64 位的 Windows 操作系统为例进行操作，选择"Windows x86-64 executable installer"，如图 1-3 所示。若读者使用的是 32 位的 Windows 操作系统，则可选择"Windows x86 executable installer"。

Files

Version	Operating System	Description	MD5 Sum	File Size	GPG
Gzipped source tarball	Source release		68111671e5b2db4aef7b9ab01bf0f9be	23017663	SIG
XZ compressed source tarball	Source release		d33e4aae66097051c2eca45ee3604803	17131432	SIG
macOS 64-bit/32-bit installer	Mac OS X	for Mac OS X 10.6 and later	6428b4fa7583daff1a442cba8cee08e6	34898416	SIG
macOS 64-bit installer	Mac OS X	for OS X 10.9 and later	5dd605c38217a45773bf5e4a936b241f	28082845	SIG
Windows help file	Windows		d63999573a2c06b2ac56cade6b4f7cd2	8131761	SIG
Windows x86-64 embeddable zip file	Windows	for AMD64/EM64T/x64	9b00c8cf6d9ec0b9abe83184a40729a2	7504391	SIG
Windows x86-64 executable installer	Windows	for AMD64/EM64T/x64	a702b4b0ad76debdb3043a583e563400	26680368	SIG
Windows x86-64 web-based installer	Windows	for AMD64/EM64T/x64	28cb1c608bbd73ae8e53a3bd351b4bd2	1362904	SIG
Windows x86 embeddable zip file	Windows		9fab3b81f8841879fda94133574139d8	6741626	SIG
Windows x86 executable installer	Windows		33cc602942a54446a3d6451476394789	25663848	SIG
Windows x86 web-based installer	Windows		1b670cfa5d317df82c30983ea371d87c	1324608	SIG

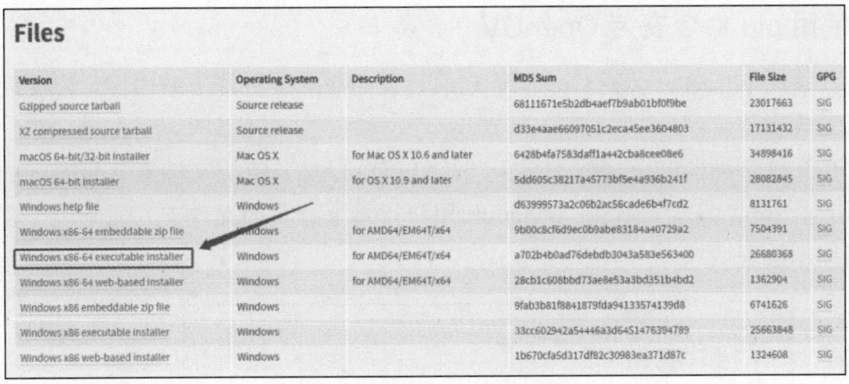

图 1-3　Python 下载界面

（4）运行安装程序。安装程序启动后，首先显示安装方式选择界面。勾选“Add Python 3.7 to PATH”复选框，将 Python 3.7 加入环境变量中，如图 1-4 所示。

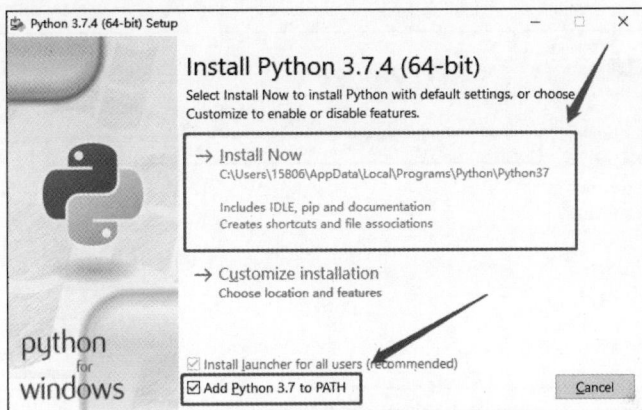

图 1-4　Python 安装方式选择界面

直接选择“Install Now”选项进行安装。该选项表示将在默认的安装路径进行安装。“Customize installation”选项为自定义安装方式，用户可设置 Python 安装路径和其他选项。

（5）当安装程序显示图 1-5 所示的界面，表示 Python 已安装成功。

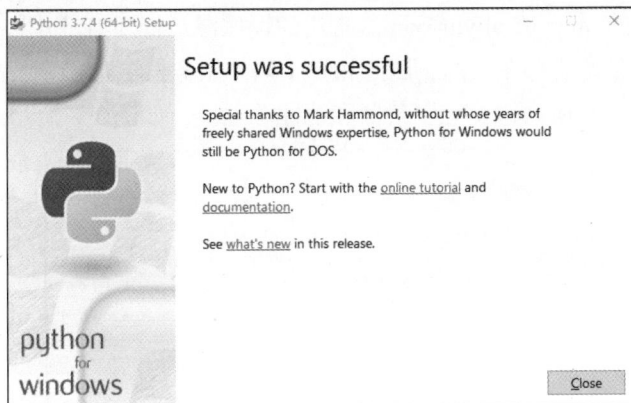

图 1-5　Python 安装成功界面

1.3.2　使用 pip 命令安装 OpenCV

（1）在使用 pip 命令安装 OpenCV 之前，我们需要配置好下载镜像，以便能正常、快速地在线完成安装。

首先在文件管理器的路径栏中输入"%APPDATA%"定位文件夹 AppData 的路径，如图 1-6 所示。AppData 是一个在 Windows 用户目录下隐藏的文件夹，通常用于存储用户特定的应用程序数据。

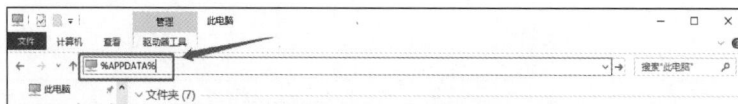

图 1-6　定位文件夹 AppData 的路径

在 AppData 文件夹下的 Roaming 文件夹中新建 pip 文件夹并创建 pip.ini 文件，如图 1-7 所示。

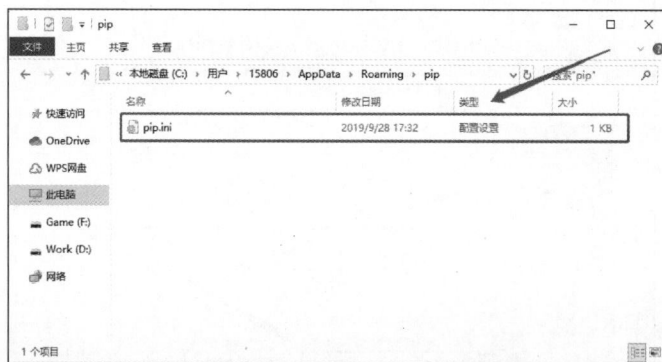

图 1-7　创建 pip 文件夹和 pip.ini 文件

如果使用 pip 命令安装 OpenCV，在默认情况下会访问国外的服务器下载相关文件，但国内网络与国外服务器的连接经常出现不稳定的情况，下载 OpenCV 时可能会出现错误信息，导致无法成功下载的情况出现。我们可以通过手动填写镜像源（index-url）与镜像源服务器（trusted-host）的方式来提高下载的成功率。一般情况下，镜像源服务器为镜像源的域名，如本例中的 mirrors.aliyun.com。常用的镜像源地址还有清华镜像、百度镜像等。这些镜像源和镜像服务器都在国内，因此相较于国外服务器更加稳定。

打开 pip.ini 文件并输入镜像源服务器和镜像源地址，如图 1-8 所示。

图 1-8　pip.ini 文件内容

（2）接着使用 pip 命令安装 OpenCV。首先按"Win+R"组合键打开"运行"对话框，如图 1-9 所示，输入"cmd"并单击"确定"按钮，将打开命令行窗口。

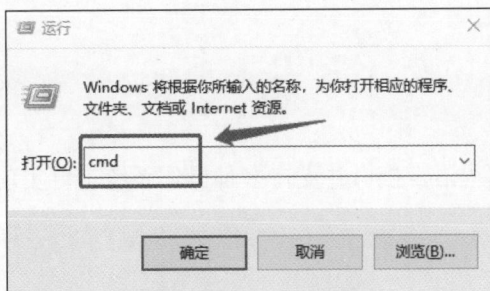

图 1-9　"运行"对话框

（3）在命令行窗口中执行"pip install opencv-python"命令，安装 OpenCV，如图 1-10 所示。

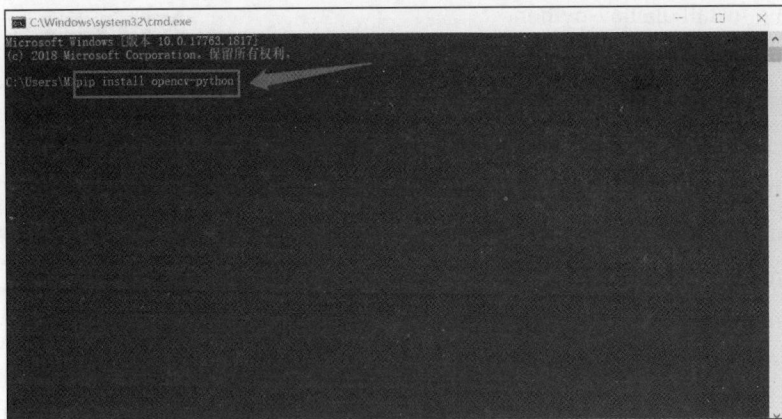

图 1-10　执行命令安装 OpenCV

1.4　环境测试

安装好 OpenCV 后，可以直接在命令行窗口中执行"import cv2"命令导入 OpenCV 库，如图 1-11 所示。

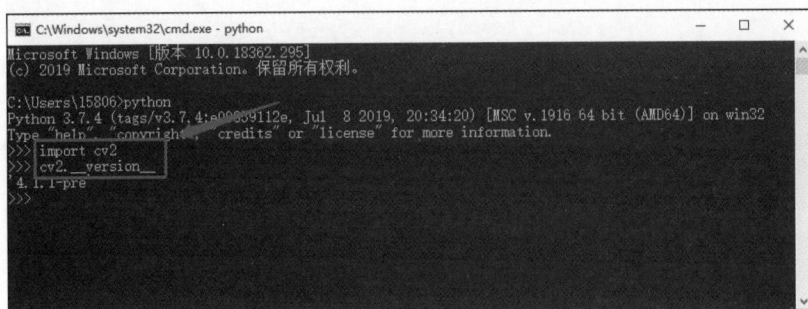

图 1-11　执行命令并查看 OpenCV 的版本号

需要注意的是，因为面向 Python 的 OpenCV 的库名为 cv2，所以使用"import cv2"命令来导入 OpenCV。如果能正常输出 OpenCV 的版本号，说明已正确安装了 OpenCV 库及其运行环境。

1.5 小结

OpenCV 提供多种编程语言接口并支持多种操作系统，可实现图像处理和计算机视觉方面的很多通用算法。

习题

1. 使用 pip 命令安装 OpenCV 的具体命令是（　　）。

    A. pip install opencv

    B. pip install opencv-python

    C. pip install cv2

    D. pip install opencv3

2. 在 Python 中导入 OpenCV 的正确命令是（　　）。

    A. import cv2

    B. import cv3

    C. import opencv

    D. import cv

3. 请简单描述什么是 OpenCV，我们可以用 OpenCV 做什么。

4. 在本书中我们主要采用 OpenCV3，请读者通过网上搜索了解 OpenCV3 相比 OpenCV2 有什么重大改变？并说明 OpenCV3 和 OpenCV2 的区别。

第 2 章　OpenCV 入门应用

学习目标

- 掌握图像、视频读写的基本方法。
- 掌握 OpenCV 的基本数据类型。
- 掌握色彩空间和感兴趣区域的作用。

安装好 OpenCV 后，本章我们将学习 OpenCV 的基础知识，包括图像读写、色彩空间、感兴趣区域等内容。

2.1　图像读写

OpenCV 中，imread()、imwrite()和 imshow()函数分别用于读、写和显示图像，waitKey()函数用来等待窗口刷新。

以修改图像名称为例来演示图像读、写的操作过程，程序如下：

```
import cv2
img = cv2.imread('image.jpg')
cv2.imwrite('image_new.jpg',img)
```

在这段程序中，首先使用 cv2.imread()函数读取 image.jpg 的图像数据，再通过 cv2.imwrite()函数将读取到的图像数据写入 image_new.jpg 图像文件中。运行程序后，可以发现在根目录下出现了与 image.jpg 图像数据相同的 image_new.jpg。

除了读和写，也可以通过运行程序显示输入的图像，程序如下：

```
import cv2
img = cv2.imread('image.jpg')
cv2.imshow('Original image',img)
cv2.waitKey(0)
```

程序输出结果如图 2-1 所示。

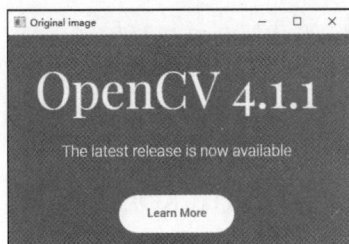

图 2-1　图像显示

这段程序中使用了 cv2.waitKey()函数，待用户按下按键后，图像显示窗口可以一直显示。上述程序中使用了 OpenCV 中的 4 个函数，接下来详细介绍各个函数。

1. 用于读取图像数据的函数

```
cv2.imread(filename,flags)
```

- 第 1 个参数：str 类型的 filename，表示要读取图像的完整文件名称。
- 第 2 个参数：int 类型的 flags，表示读取图像的方式，该参数常用的取值如表 2-1 所示。

表 2-1　flags 常用参数

常用参数取值	功能
cv2.IMREAD_COLOR	以彩色图像的方式读取图像，图像的透明度通道将被忽略。这是默认值
cv2.IMREAD_GRAYSCALE	以灰度图像的方式读取图像
cv2.IMREAD_UNCHANGED	以原始格式的方式读取图像，包括透明度通道

- 返回值：imread()函数在正确读取图像时，返回图像的 NumPy 数组，否则返回 None。

2. 用于写入图像数据的函数

```
cv2.imwrite(filename,img,params)
```

- 第 1 个参数：str 类型的 filename，表示要写入图像文件的完整路径名，包含文件扩展名。
- 第 2 个参数：NumPy 数组类型的 img，表示写入的图像名称。
- 第 3 个参数：int 类型的 params，表示不同的图像保存质量，是可选参数。
- 返回值：返回一个布尔值，表示图像是否成功写入。如果图像成功保存，返回 True；如果保存失败，返回 False。

3. 用于显示图像数据的函数

```
cv2.imshow(winname,mat)
```

- 第 1 个参数：str 类型的 winname，表示显示图像的窗口名称，同样也是窗口的标识。
- 第 2 个参数：NumPy 数组类型的 mat，表示要显示的图像。

4. 用于等待窗口刷新的函数

```
cv2.waitKey(delay)
```

- 参数：int 类型的 delay，表示等待用户按下按键的时间。如果用户在此时间内按下按键，则刷新窗口。默认值为 0，表示一直等待按键触发。
- 返回值：函数返回用户所按键的 ASCII 值。例如，用户按下的是 Q 键，则返回值为 113。如果在指定时间内没有按下按键，则返回值为-1。

感兴趣区域

2.2　标识和截取 ROI

在计算机视觉中，ROI（Region of Interest，感兴趣区域）是指图像中需要处理的区域。

在现实生活中，越来越多的场景开始采用人脸识别技术进行身份验证，如火车站的人脸闸机、手机的快捷支付等场景。在进行人脸识别验证时，显示屏上除了显示人脸，还会用方框将人脸标识出来，这个被标识出来的图形区域便可理解为 ROI。关于计算机如何识别人脸的位置，将在后文进行讲解，本节学习如何在 OpenCV 中标识和截取 ROI。

2.2.1　访问图像数据

NumPy 是 Python 中用于科学计算的库，常用于计算矩阵和矢量。在图像处理中，图像通常被表示为 NumPy 的多维数组。

NumPy 库可通过在命令行窗口中输入命令"pip install numpy"的方法进行安装。

如图 2-2 所示，人脸的坐标中心点为(240,150)。我们可以通过切片操作将人脸截取出来，如图 2-3 所示。

图 2-2　人物图像

图 2-3　截取出来的人脸区域

切片操作程序如下：

```
import cv2
img = cv2.imread('xiaohe.jpg')
x,y=240,150
roi_img=img[x:x+250,y:y+330]
cv2.imshow('ROI',roi_img)
cv2.waitKey()
```

上述程序中，我们通过已知的人脸区域的坐标对图像数据进行切片操作，得到了新的人脸区域的图像数据，并进行显示，截取得到的人脸区域即 ROI。获得 ROI 的数据后，我们就可以对该区域数据进行处理，程序如下：

```
import cv2
img = cv2.imread('xiaohe.jpg')
x,y=240,150
img[x:x+250,y:y+330]=0
cv2.imshow('dst',img)
cv2.waitKey()
```

上述程序中，我们将人脸区域中的所有像素赋值为 0，相当于将人脸区域涂成黑色，如图 2-4 所示。

图 2-4　将人脸区域的像素赋值为 0

通过对图像区域的截取和对图像区域值的更改，可以看出图像处理本质上是对 NumPy 多维数组的操作。

2.2.2　对图像进行几何变换

在 OpenCV 中，我们可以通过使用仿射函数对图像进行几何变换。几何变换是指在平面上对图形的形状、位置、大小和方向等进行改变的操作。通过几何变换可以大幅减少图像数据中非必要或者多余的信息，有利于我们在后续处理和识别工作中将注意力集中在目标内容本身。几何变换常常作为图像处理应用的预处理步骤，是图像归一化的核心工作之一。

一次几何变换需要经过两部分运算：首先是空间变换所需的运算，如平移、缩放、旋转等；其次，还需要使用灰度差值算法，因为经过空间变换计算后，输出图像的像素可能被映射到输入图像的非整数坐标上。

本节将讲解仿射变换与透视变换，以及在获取 ROI 图像数据后，对 ROI 进行标识的方法。

1. 仿射变换

仿射变换是指图像可以通过一系列的几何变换来实现平移、旋转等多种操作。该变换能保持图像的平直性与平行性。

接下来，我们对图 2-2 所示图像进行平移变换，结果如图 2-5 所示。

图 2-5 图像平移变换结果

程序如下：

```python
import cv2
import numpy as np


img = cv2.imread('xiaohe.jpg')
M = np.float32([[1,0,100], [0,1,150]])
rows, cols = img.shape[:2]
res = cv2.warpAffine(img, M, (cols,rows))


cv2.imshow('warpAffine',res)
cv2.waitKey(0)
```

OpenCV 中的仿射函数为 cv2.warpAffine()。在对图像进行平移变换时，需要构造一个仿射矩阵，仿射矩阵的第 1 个数组为目标图像沿 x 轴方向移动的距离，第 2 个数组为目标图像沿 y 轴方向移动的距离。在上述程序中，我们用 NumPy 数组构造仿射矩阵 M，并将其传至 cv2.warpAffine()函数中，从而实现目标图像的平移变换。cv2.warpAffine()函数基本格式如下：

```
dst=cv2.warpAffine(src, M, dsize, flags=None, borderMode=None, borderValue=None)
```

- 第 1 个参数：NumPy 数组类型的 src，表示需要进行仿射变换的图像。
- 第 2 个参数：NumPy 数组类型的 M，表示 2×3 的仿射矩阵。
- 第 3 个参数：tuple 类型的 dsize，类型为 tuple，表示输出的图像大小。
- 第 4 个参数：int 类型的 flags，用于指定插值方法，不同的插值方法会影响到变换后图像的质量和效果。
- 第 5 个参数：int 类型的 borderMode，表示边界像素类型，默认值为 BORDER_CONSTANT。

11

- 第 6 个参数：int 类型的 borderValue，表示边界值。
- 返回值：NumPy 数组类型的 dst，表示仿射后输出的图像。

接下来，我们对图 2-2 所示的图像进行缩放处理，结果如图 2-6 所示。

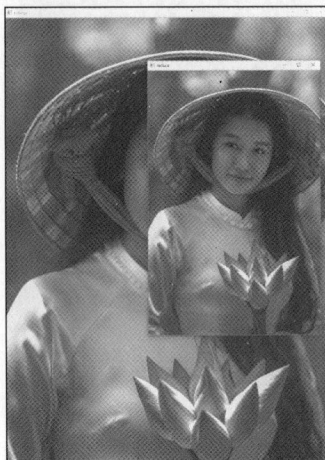

图 2-6　图像缩放处理结果

程序如下：

```
import cv2
img = cv2.imread('xiaohe.jpg')
# 通过设置图像缩放因子对图像进行放大
enlarge = cv2.resize(img, None, fx=1.5, fy=1.5, interpolation=
cv2.INTER_LINEAR)
# 通过设置图像像素大小对图像进行缩小
height, width = img.shape[:2]
reduce = cv2.resize(img, (int(0.8 * width), int(0.8 * height)),
interpolation=cv2.INTER_AREA)

cv2.imshow('enlarge', enlarge)
cv2.imshow('reduce', reduce)
cv2.waitKey(0)
```

OpenCV 提供了一个专门用于图像缩放处理的函数 cv2.resize()。该函数通过两种方式实现对图像的缩放处理：一是通过设置图像缩放因子对图像进行缩放处理；二是通过设置图像像素大小对图像进行缩放处理。在上述程序中，我们首先采用设置图像缩放因子的方式对图像进行放大并显示，然后采用设置图像像素大小的方式对图像进行缩小并显示。cv2.resize()函数的基本格式如下：

```
dst=cv2.resize(src, dsize, fx=None, fy=None, interpolation=None)
```

- 第 1 个参数：NumPy 数组类型的 src，表示需要进行缩放的图像。
- 第 2 个参数：tuple 类型的 dsize，表示缩放处理后的图像像素大小。如果用缩放因子进行缩放，则设置为 None。

- 第 3 个参数：float 类型的 fx，表示图像水平方向的缩放因子，即宽度缩放比例。
- 第 4 个参数：float 类型的 fy，表示图像垂直缩放因子，即高度缩放比例。
- 第 5 个参数：int 类型的 interpolation，表示插值方法，用于计算缩放后的像素值，

默认值为 cv2.INTER_LINEAR。OpenCV 常用的插值方法如表 2-2 所示。

表 2-2　OpenCV 常用的插值方法

常用的插值方法	描述
cv2.INTER_NEAREST	最近邻插值法。特点：速度快，质量低
cv2.INTER_LINEAR	双线性插值，是默认方法
cv2.INTER_CUBIC	三次样条插值。特点：速度较慢，质量较高
cv2.INTER_AREA	区域插值，当缩小图像时避免出现波纹

- 返回值：NumPy 数组类型的 dst，表示输出的图像。

除了平移变换和缩放处理，还可以对图像进行旋转处理。首先通过 cv2.getRotationMatrix2D() 函数获取仿射矩阵，再将获取的仿射矩阵传入仿射函数 cv2.warpAffine()，从而实现图像旋转功能。对图 2-2 所示图像进行旋转处理，结果如图 2-7 所示。

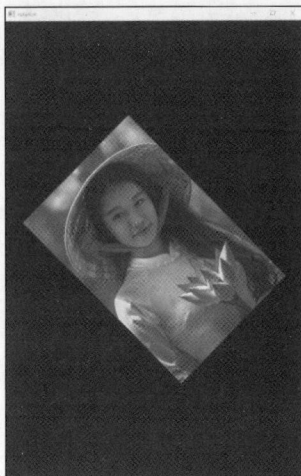

图 2-7　图像旋转处理结果

程序如下：

```
import cv2
img = cv2.imread('xiaohe.jpg')
rows, cols = img.shape[:2]
M = cv2.getRotationMatrix2D((cols/2, rows/2), 45, 0.5)
res = cv2.warpAffine(img, M, (cols, rows))
cv2.imshow('rotation', res)
cv2.waitKey(0)
```

在上述程序中，首先通过 cv2.getRotationMatrix2D()函数生成仿射矩阵，将图像绕其中心点逆时针旋转 45°，并缩小为原图像大小的 50%。接着使用 cv2.warpAffine()函数实现图像旋转。最后使用 cv2.imshow()函数对处理后的图像进行显示。

cv2.getRotationMatrix2D()函数用于生成旋转类型的 2×3 仿射矩阵，其基本格式如下：

```
cv2.getRotationMatrix2D(center, angle, scale)
```

- 第 1 个参数：tuple 类型的 center，表示旋转中心坐标。
- 第 2 个参数：float 类型的 angle，表示旋转角度，以°为单位。取正值表示逆时针旋转。
- 第 3 个参数：float 类型的 scale，表示旋转后图像的缩放因子。

2. 透视变换

在了解完仿射变换后，我们继续学习透视变换。仿射变换和透视变换在图像还原、局部变化处理等方面都有重要作用。仿射变换适用于平面中的图像变换处理，而在空间中往往采用透视变换对图像进行变换处理。仿射变换基于 2×3 的仿射矩阵进行变换，而透视变换基于 3×3 的透视变换矩阵进行变换。

接下来，我们通过对图 2-2 所示图像进行透视变换处理，讲解透视变换的操作流程以及透视变换函数。对图 2-2 所示图像进行透视变换处理结果如图 2-8 所示。

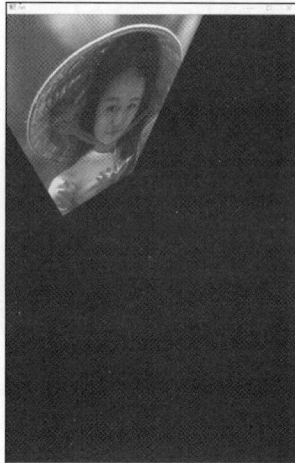

图 2-8　图像透视变换处理结果

程序如下：

```
import cv2
import numpy as np
img = cv2.imread('xiaohe.jpg')
rows, cols = img.shape[:2]
pts1 = np.float32([[80, 50], [240, 50], [20, 180], [240, 240]])
pts2 = np.float32([[0, 0], [200, 0], [0, 200], [200, 200]])
M = cv2.getPerspectiveTransform(pts1, pts2)
```

```
res = cv2.warpPerspective(img, M, (cols, rows))
cv2.imshow('res', res)
cv2.waitKey(0)
```

在上述程序中，首先编写 2 个 4×2 的矩阵，并将这 2 个矩阵传入 cv2.getPerspective-Transform()函数中，生成 3×3 的透视变换矩阵。再将该透视变换矩阵传入 cv2.warpPerspective()函数中，完成透视变换处理，最后将图像变换结果显示出来。

cv2.getPerspectiveTransform()函数用于生成 3×3 的透视变换矩阵，其基本格式如下：

```
cv2.getPerspectiveTransform(src, dst)
```

- 第 1 个参数：NumPy 数组类型的 src，表示变换前图像四边形顶点的坐标。
- 第 2 个参数：NumPy 数组类型的 dst，表示变换后图像四边形顶点的坐标。

cv2.warpPerspective()函数用于对图像进行透视变换，其基本格式如下：

```
dst=cv2.warpPerspective (src, M, dsize, flags=None, borderMode=None,
borderValue=None)
```

- 第 1 个参数：NumPy 数组类型的 src，表示需要进行透视变换的图像。
- 第 2 个参数：NumPy 数组类型的 M，表示 3×3 的透视变换矩阵。
- 第 3 个参数：tuple 类型的 dsize，表示输出的图像大小。
- 第 4 个参数：int 类型的 flags，用于指定插值方法。
- 第 5 个参数：int 类型的 borderMode，表示边界像素模式，默认值为 BORDER_CONSTANT。
- 第 6 个参数：int 类型的 borderValue，表示边界值。
- 返回值：NumPy 数组类型的 dst，表示输出的图像。

2.2.3 添加标识

在获取到 ROI 的图像数据后，就可以对该区域进行标识，如图 2-9 所示。

图 2-9 图像的 ROI 标识

在 OpenCV 中，若要将图像中的人脸（ROI）用方框标识出来，仅需确定方框左上顶点的坐标和右下顶点的坐标，便可画出对应位置的方框。这里将坐标系原点设定在图像左上角。假设我们已知图 2-2 所示人脸的位置坐标为(240,150)，且标识人脸的矩形方框大小为 100。程序如下：

```
import cv2
img = cv2.imread('xiaohe.jpg')
x,y,w,h = 240,150,330,250
cv2.rectangle(img,(x,y),(x+w,y+h),(255,0,0),2)#添加方框（矩形）
cv2.putText(img,'xiaohe',(x,y), cv2.FONT_HERSHEY_SIMPLEX, 1,(255,0,0),4)
#添加文字
cv2.imwrite('xiaoheNew.jpg',img)
```

其中，cv2.rectangle()函数用于在图像上添加矩形，其基本格式如下：

```
cv2.rectangle(img, pt1, pt2, color, thickness, lineType, shift)
```

- 第 1 个参数：NumPy 数组类型的 img，表示需要添加矩形的图像。
- 第 2 个参数：tuple 类型的 pt1，表示所添加矩形的左上顶点坐标。
- 第 3 个参数：tuple 类型的 pt2，表示所添加矩形的右下顶点坐标。
- 第 4 个参数：tuple 类型的 color，表示所添加矩形的颜色，通常以 BGR 格式传递。
- 第 5 个参数：int 类型的 thickness，表示所添加矩形的线条粗细。
- 第 6 个参数：int 类型的 lineType，表示所添加矩形的线条类型，默认值为 LINE_8，即实线。
- 第 7 个参数：int 类型的 shift，用于指定矩形边界点的精度。如果为 0，表示坐标是整数；如果大于 0，表示坐标是浮点数，且会根据 shift 值位移。

cv2.putText()函数用于在图像上添加文字，其基本格式如下：

```
cv2.putText(img, text, org, fontFace, fontScale, color, thickness, lineType,
bottomLeftOrigin)
```

- 第 1 个参数：NumPy 数组类型的 img，表示需要添加文字的图像。
- 第 2 个参数：str 类型的 text，表示添加的文字内容。
- 第 3 个参数：tuple 类型的 org，表示添加文字的左下角坐标。
- 第 4 个参数：int 类型的 fontFace，表示添加文字的字体类型。
- 第 5 个参数：int 类型的 fontScale，表示添加文字的缩放比例。
- 第 6 个参数：tuple 类型的 color，表示添加文字的颜色，通常以 BGR 格式传递。
- 第 7 个参数：int 类型的 thickness，表示添加文字的字体粗细。
- 第 8 个参数：int 类型的 lineType，表示添加文字的线条类型，有默认值。
- 第 9 个参数：bool 类型的 bottomLeftOrigin，表示坐标原点，值为 True 时，文字的原点位于左下角，否则位于左上角。默认值为 True。

2.3 色彩空间

计算机领域中广泛应用的色彩空间为 RGB 色彩空间，即由红色（red）、绿色（green）、蓝色（blue）3 种基色构成的几何色彩空间坐标系，其本质是通过不同基色的不同深浅组合，创造出各种颜色。需要注意的是，在 OpenCV 中，RGB 被表示为 BGR，即蓝色和红色的顺序有所变化，其本质与 RGB 相同。OpenCV 中常用的色彩空间包括 BGR 色彩空间和灰度色彩空间等。

色彩空间

2.3.1　BGR 色彩空间的概念

BGR 色彩空间中的像素值是一个三元组，由 B、G、R 这 3 个值组成，分别对应蓝色、绿色和红色，图 2-10 所示为图 2-2 所示图像的 BGR 图像数据。

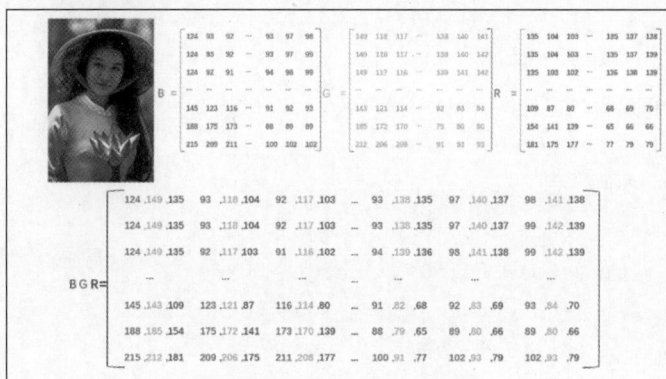

图 2-10　BGR 图像数据

每个颜色的取值范围为 0~255，0 表示无光（黑色），255 表示最大亮度的颜色。

2.3.2　通过滑动条改变 B、G、R 的值

滑动条（trackbar）在 OpenCV 中是一种用户界面元素，用户可以通过拖动滑块来调节参数，它可以让用户直观地看到相关函数（算子）的阈值变化对图像处理效果的影响。

创建滑动条可使用 cv2.create Trackbar() 函数，其基本格式如下：

```
cv2.createTrackbar(trackbarName, windowName, value, count, onChange)
```

- 第 1 个参数：str 类型的 trackbarName，表示创建的滑动条的名称。
- 第 2 个参数：str 类型的 windowName，表示滑动条所在窗口的名称。
- 第 3 个参数：int 类型的 value，表示滑动条当前位置，同时也是创建时的初始位置。
- 第 4 个参数：int 类型的 count，表示滑动条的最大值。
- 第 5 个参数：function 类型的 onChange，表示滑动条每次改变时这个函数都会被自动调用。

获取滑动条当前值可使用 cv2.getTrackbarPos() 函数，其基本格式如下：

```
cv2.getTrackbarPos(trackbarname, winname)
```

- 第 1 个参数：str 类型的 trackbarname，表示滑动条的名称。
- 第 2 个参数：str 类型的 winname，表示滑动条所在窗口的名称。

为了方便改动，我们使用滑动条动态改变 B、G、R 三原色的值，实时观察生成颜色的变化。程序如下：

```
import cv2
import numpy as np
#回调函数，本例中无须使用，故为空
def onChange(x):
    pass
img = np.zeros((300, 512, 3), np.uint8)
#创建 B、G、R 的滑动条
cv2.namedWindow('image')
cv2.createTrackbar('B', 'image', 0, 255, onChange)
cv2.createTrackbar('G', 'image', 0, 255, onChange)
cv2.createTrackbar('R', 'image', 0, 255, onChange)
while(True):
    #获取滑动条的值
    b = cv2.getTrackbarPos('B', 'image')
    g = cv2.getTrackbarPos('G', 'image')
    r = cv2.getTrackbarPos('R', 'image')
    img[:] = [b, g, r]
    cv2.imshow('image',img)
    if cv2.waitKey(1) == 27:
        break
```

在上述程序中，首先创建一个高度为 300 像素、宽度为 512 像素的空白图像，然后将窗口命名为 image，并使用 cv2.createTrackbar()函数在窗口 image 上创建 B、G、R 三原色的滑动条。在循环结构中，使用 cv2.getTrackbarPos()函数获取滑动条对象的值，将其赋值到图像的像素值中，并实时显示，从而实现改变滑动条位置即可实时更改图像颜色的功能。通过 cv2.waitKey()函数获取当前按下按键的 ASCII 值。当按下 Esc 键（ASCII 值为 27）时，程序将正常退出。

将 B、G、R 三原色中 B 的数值滑动到 255，可以看到下方的图像显示为蓝色，如图 2-11 所示。

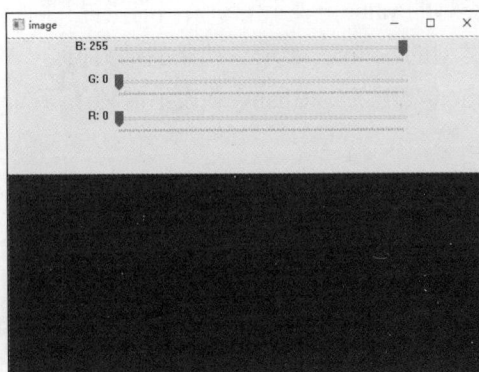

图 2-11 B、G、R 滑动条数值及图像颜色

2.3.3　灰度色彩空间

灰度色彩空间，是一个特定的色彩空间，用于表示图像中的灰度级别。在灰度色彩空间中，图像的每个像素值对应一个亮度或强度值，不涉及颜色的信息。灰度图像数据如图 2-12 所示。

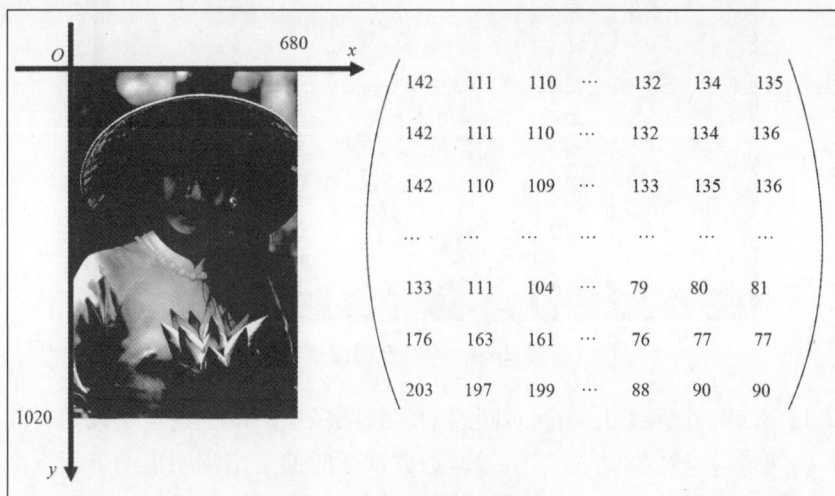

图 2-12　灰度图像数据

从图 2-12 可以看到，一个 680 像素 × 1020 像素的灰度图像，其数据由 680 × 1020 个像素值组成的矩阵表示（图中矩阵省略了部分数据）。因为灰度值范围为 0～255，所以通常采用 np.uint8 的数据类型进行存储。np.unit8 是 NumPy 库中的一种数据类型，用于表示无符号的 8 位整数。将图 2-12 所示的灰度图像数据输出，程序如下：

```
import cv2
img_gray = cv2.imread('xiaohe.jpg',0)
print(img_gray)
```

结果如图 2-13 所示。

图 2-13　灰度图像数据输出结果

从图 2-13 可以看到，输出的图像数据是由不同的灰度值组成的二维数组。

2.4　视频读写

在学习视频读写之前，我们先思考一个问题：视频里面存储的是什么？

图 2-14 所示为火箭发射视频的截图，该视频传递了火箭从点火到升空的一系列动作信息。由此可见，视频实质上是由一系列连续的图像组成的集合，通过显示在不同时间点的不同图像来传递信息。

图 2-14　火箭发射视频

如图 2-15 所示，视频是由不同时间点的多张图像组成的，这里所说的时间点以秒为单位。然而，如果 1 秒仅显示一幅图像，播放视频时便会出现明显的卡顿，由此引入帧率（frame rate）这个属性。帧率是指用于测量单位时间内采集、播放显示的帧数的量度，即视频每秒显示多少张（帧）图像。帧率的默认单位为帧/秒，对应的英文是 fps（frame per second）。在 Windows 操作系统中，用户可以通过鼠标右键单击视频文件，选择"属性"来查看视频的具体信息，如时长、帧高度、帧宽度等，如图 2-16 所示。

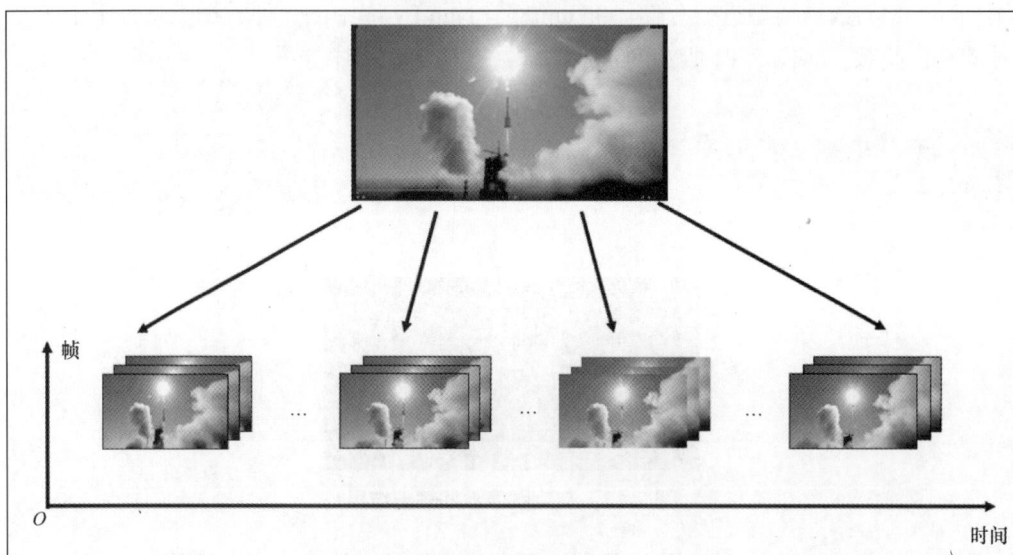

图 2-15　帧率的图像说明

从图 2-16 可以看到，RocketLaunch.mp4 视频的帧率为 25 帧/秒，即这个视频每秒显示25 张图像。

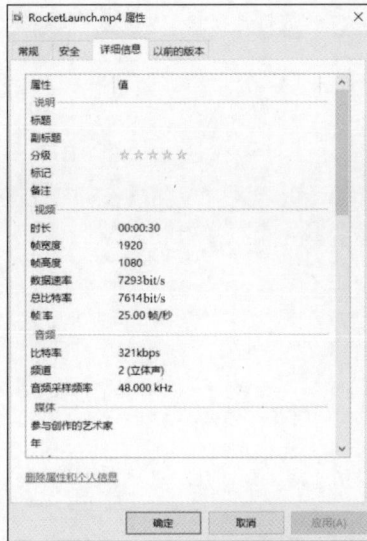

图 2-16　查看视频属性

2.4.1　视频读取

视频读取通常分为对视频图像的逐帧捕获和对摄像头图像的逐帧捕获。在 OpenCV 中,我们需要创建视频捕获器　VideoCapture　来逐帧读取视频中的图像。接下来,通过读取 RocketLaunch.mp4 视频的例子来学习 OpenCV 中的视频捕获功能,视频读取结果如图 2-17 所示。

图 2-17　视频读取结果

视频读取

程序如下:

```
import cv2
capture = cv2.VideoCapture()
capture.open('RocketLaunch.mp4')      #通过调用 capture.open()函数打开视频文件
#capture = cv2.VideoCapture('RocketLaunch.mp4')
```

```
#也通过 cv2.VideoCapture()函数打开视频文件


fps = 25                          #设置帧率
wait_time = int(1000/fps)
while True:
    ret,frame = capture.read()
    key = cv2.waitKey(wait_time)
    if key == 27 or not ret:
        break
    cv2.imshow('RocketLaunchVideo',frame)


capture.release()
```

在上述程序中，我们可以通过调用 capture.open()函数来打开视频文件，也可以在创建视频捕获器时调用构造方法来打开视频文件。在循环结构中，使用 capture 对象逐帧捕获并显示图像。对于计算机安装了摄像头的用户，可以将视频路径'RocketLaunch.mp4'改为 0，以打开并捕获系统默认摄像头的图像。

在进入循环结构前，为了让视频按照其正常速率播放，我们设置了等待时间参数 wait_time。由于 cv2.waitKey()函数的参数以毫秒为单位，而视频帧率以秒为单位，因此需要计算一帧所需等待的毫秒数。

上述程序中使用到的 cv2.VideoCapture()函数的作用是创建一个新的视频捕获器对象，其基本格式如下：

```
cv2.VideoCapture(object)
```

- 第 1 个参数：当传入的是 str 类型 object 时，表示视频文件的路径，即当前模式为读取视频；当传入的是 int 类型的 object 时，表示摄像头的序号，即当前模式为读取摄像头，摄像头序号索引从 0 开始，默认值为 0。

cv2.Videocapture.open()函数用于打开视频文件或摄像头，其基本格式如下：

```
cv2.VideoCapture.open(filename) -> retval
```

- 第 1 个参数：str 类型的 filename，表示打开视频文件的路径。
- 返回值：bool 类型的 retval，表示打开视频是否成功。

```
cv2.VideoCapture.open(index) -> retval
```

- 第 1 个参数：int 类型的 index，表示打开摄像头的索引。
- 返回值：bool 类型的 retval，表示打开摄像头是否成功。

cv2.VideoCapture.read()函数用于逐帧捕获视频图像，其基本格式如下：

```
cv2.VideoCapture.read() -> retval, image
```

- 第 1 个返回值：bool 类型的 retval，表示视频帧读取是否成功。
- 第 2 个返回值：NumPy 数组类型的 image，表示从视频中读取到的图像。

cv2.VideoCapture.release()函数用于关闭视频捕获器。此函数一般在逐帧捕获图像迭代结束后，由 cv2.VideoCapture 对象自动调用。

2.4.2　视频写入

我们常常需要对视频捕获的图像进行逐帧处理。对于静态图像，可以直接使用 cv2.imwrite()函数进行保存；而对于从视频或摄像头捕获的逐帧图像，就像前面介绍的视频读取过程一样，我们需要创建一个 cv2.VideoWriter 对象来生成一个新的视频文件，并逐帧写入。

接下来，通过创建一个带字幕的火箭发射视频的程序来学习 OpenCV 中的视频写入功能。运行 VideoWriter.py 文件，结果如图 2-18 所示。

图 2-18　带字幕的火箭发射视频

程序如下：

```
import cv2
capture = cv2.VideoCapture('RocketLaunch.mp4')

#设置写入视频的基本参数（沿用原视频的基本参数）
fps = capture.get(5)                                    #获取原视频帧率
width = int(capture.get(3))                             #获取原视频帧的宽度
height = int(capture.get(4))                            #获取原视频帧的高度
fourcc = int(capture.get(6))                            #获取原视频的编码格式
fourcc = cv2.VideoWriter_fourcc('X','V','I','D')        #获取 XVID 编码格式
size = (width,height)                                   #设置视频的分辨率
writer = cv2.VideoWriter('RocketLaunchAddCaption.mp4',fourcc,fps,size)
x, y = int((width/2)-55), int(height-15)               #设置字幕位置
captions = ['Ignition','Lift off']                      #发射步骤字幕
lift_off_time = 3*fps
frame_cnt = 0
step = 0                                                #发射步骤
```

```
print('=======Start Add Caption=======')
while True:
    ret, frame = capture.read()
    frame_cnt=(int(capture.get(0)))/1000*fps
    if not ret or cv2.waitKey(1)==27:
        break
    if frame_cnt == lift_off_time:
        step = 1
    cv2.putText(frame,captions[step],(x,y),cv2.FONT_HERSHEY_PLAIN,  2.0,
(0, 0, 255), 2)                                              #绘制字幕
                                                             #写入视频帧
    writer.write(frame)
print('==========Process Done=========')
capture.release()
writer.release()
```

程序首先读取需要处理的视频，再对捕获的每一帧图像进行处理，并通过 writer 对象将其写入新的视频中。新视频的属性参数沿用原视频的参数。新视频的编码格式参数 fourcc（全称为 four-character codes，通过 4 个字符程序表示视频数据流格式）可以通过 cv2.VideoWriter_fourcc()函数来设置，或者沿用原视频的 fourcc。

cv2.VideoCapture.get()函数用于获取 cv2.VideoCapture 对象的视频属性，其基本格式如下：

```
cv2.VideoCapture.get(propId) -> retval
```

• 参数：int 类型的 propId，表示获取的视频属性。若 propId 取值为 3，则获取视频的帧宽度。cv2.VideoCapture.get()函数常用参数如表 2-3 所示。

表 2-3 cv2.VideoCapture.get()函数常用参数

常用参数	功能
cv2.VideoCapture.get(3)	获取视频帧的宽度
cv2.VideoCapture.get(4)	获取视频帧的高度
cv2.VideoCapture.get(5)	获取帧率，单位：帧/秒
cv2.VideoCapture.get(6)	获取视频的编码格式
cv2.VideoCapture.get(7)	获取视频文件中的总帧数

• 返回值：float 类型的 retval，表示返回查询的视频捕获器的参数。
cv2.VideoWriter_fourcc()函数用于设置视频的编码格式，其基本格式如下：

```
cv2.VideoWriter_fourcc(c1, c2, c3, c4) -> retval
```

• 第 1 个到第 4 个参数：str 类型的 c1～c4，分别表示 4 个字符，例如"M""J""P"

"G"，通常使用 Fourcc 编码格式有 MJPG、XVID、H264、DIVX 等。

● 返回值：int 类型的 retval，表示 fourcc 对应的十进制表示，即由 4 个字符编码的 ASCII 值组合而成的整数。

OpenCV 为 cv2.VideoWriter 类提供了构造函数，用它来实现初始化工作，该函数基本格式如下：

```
cv2.VideoWriter(filename,fourcc,fps,size)
```

● 第 1 个参数：str 类型的 filename，表示要写入的视频文件的文件名和存放路径。

● 第 2 个参数：int 类型的 fourcc，表示视频编码格式的 4 字符程序，通过 cv2.VideoWriter_fourcc()函数生成。

● 第 3 个参数：float 类型的 fps，表示视频的帧率。

● 第 4 个参数：tuple 类型的 size，表示视频帧的大小，即宽度和高度。

writer.write()函数用于写入视频帧，其基本格式如下：

```
writer.write(frame)
```

● 参数：NumPy 数组类型的 frame，表示需要写入的视频帧。

writer.release()函数用于关闭视频编写器。

2.5　应用：编写一个简易的照相机程序

通过对上述知识的学习，我们可以编写一个简易的照相机程序，实现基本的拍照和录像功能。首先，对智能手机上的照相机应用的基本功能总结如下：

（1）实时显示摄像头的画面。

（2）拍照（保存摄像头的帧画面）。

（3）录像（视频写入）。

（4）操作提示（添加文字）。

运行程序效果如图 2-19 所示。

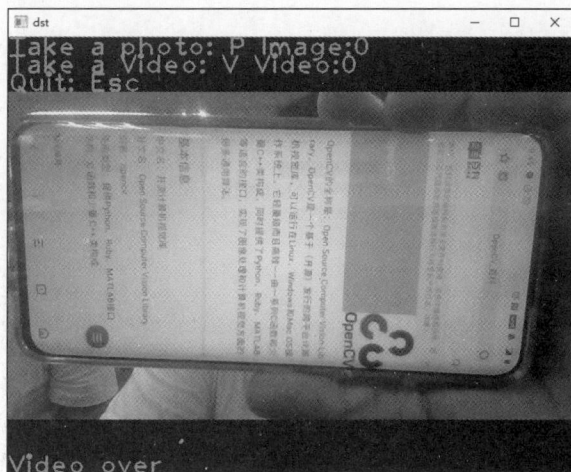

图 2-19　照相机程序运行效果

程序如下：

```
import cv2
capture = cv2.VideoCapture(1)                    #打开摄像头，如果是默认摄像头，则为 0

fps = capture.get(5)
width = int(capture.get(3))
height = int(capture.get(4))
fourcc = cv2.VideoWriter_fourcc('X','V','I','D')
size = (width,height)
writer = cv2.VideoWriter()
photo_cnt = 0
video_cnt = 0
video_on = False
#读取视频帧
while True:
    ret, frame = capture.read()
    key = cv2.waitKey(1)
    if key == 27 or not ret:                      #按 Esc 键退出程序
        break
    elif key == ord('P') or key == ord('p'):      #按 P 键拍照
        cv2.imwrite('%d.jpg'%photo_cnt,frame)
        photo_cnt = photo_cnt + 1
    elif key == ord('V') or key == ord('v'):      #按 V 键录像
        if not video_on:
            video_on = True
            writer.open('MyVideo%d.avi'%video_cnt,fourcc,fps,size)
            video_cnt = video_cnt + 1
        else:
            video_on = False
    if video_on:
        writer.write(frame)
    #显示提示文本
    cv2.putText(frame,'Take a photo: P Image:%d'%photo_cnt,(0,20),
cv2.FONT_HERSHEY_PLAIN, 2.0, (0, 255, 0), 2)
    cv2.putText(frame,'Take a Video: V Video:%d'%video_cnt,(0,40),
cv2.FONT_HERSHEY_PLAIN, 2.0, (0, 255, 0), 2)
```

```
        cv2.putText(frame,'Quit: Esc',(0,60),cv2.FONT_HERSHEY_PLAIN,
2.0, (0, 255, 0), 2)
    if video_on:
        cv2.putText(frame,'In the Video',(0,480),
            cv2.FONT_HERSHEY_PLAIN, 2.0, (0, 0, 255), 2)
    else:
        cv2.putText(frame,'Video over',(0,480),
            cv2.FONT_HERSHEY_PLAIN, 2.0, (0, 255, 0), 2)
    cv2.imshow('Camera',frame)
capture.release()
writer.release()
```

上述程序中，通过设置视频捕获器获取摄像头的画面，通过获取按键的键值来判断用户的功能选择，最后对实时获取到的摄像头帧画面添加文字，以提示用户进行下一步操作。

在循环结构中，使用 ord()函数获取字母的对应 ASCII 值，并与 cv2.waitKey()函数返回的用户按键对应的 ASCII 值进行对比，由此实现照相机的交互功能。

2.6　小结

图像通过转化为 NumPy 多维数组进行存储及写入，而视频则先通过创建视频捕获器逐帧获取图像，再转化为 NumPy 多维数组进行存储及写入。NumPy 多维数组数据结构是图像处理的基本单位，故通过对 NumPy 多维数组进行运算，便可实现图像处理操作。

标识感兴趣区域是标识一幅图像中需要处理的区域，如人脸识别中的人脸区域。

常用色彩空间有 BGR 色彩空间和灰度色彩空间。BGR 色彩空间用三元组来表示一个像素点，而灰度色彩空间用单个像素值来表示像素点。

习题

1. 下列语句能够截取到图像中以坐标 A(100,200)与坐标 B(200,300)为顶点的矩形区域的是（　　　）。

    A．img[100:200,200:300]

    B．img[200:100,300:200]

    C．img[200:300,100:200]

    D．img[300:200,200:100]

2. 分析以下加载图像的函数程序，并完成填空。

```
img = cv2.imread('Lena.jpg')
```

该图像的色彩空间为＿＿＿＿＿＿＿＿，像素点的数据类型为＿＿＿＿＿＿＿＿。

3. 下列语句能够将图像转变为灰色单通道图像的是（　　　）。

    A. cv2.imread(path, 0)

    B. cv2.imread(path, 2)

    C. cv2.imread(path, 1)

    D. cv2.imread(path, 4)

4. 请创建一个大小为 300 像素×300 像素的三通道 RGB 图像，并将所有像素值设置为 0，再以(100,50)与(150,100)为顶点绘制一个红色平面。

5. 请编写一个程序，用于录制计算机摄像头所拍摄的画面，并在画面的左上角绘制自己的名字，最后将录制结果保存在文件夹中。

第 ③ 章 图像平滑与形态学处理

学习目标

- 了解图像处理的概念。
- 了解常见噪声，掌握常用去噪方法。
- 掌握形态学的基本操作。

图像处理（image processing）通常是指通过计算机对数字图像进行分析、处理，从而获得所需图像的一种计算机视觉技术，如图像去噪处理，如图 3-1 所示。

图 3-1　图像去噪处理

3.1　平滑处理

在现实环境中，通过照相机等设备获取数字图像的过程通常会产生不同程度的噪声，所以，我们通常需要对获取到的图像进行去噪处理，即平滑处理。接下来介绍一些常见的图像噪声类型及其解决方法（平滑滤波技术）。

平滑处理

3.1.1　图像噪声

图像噪声来源主要有两种：一种来自图像获取过程，例如照相机的感光元器件在采集图像时受到拍摄环境、电路结构等因素不稳定的影响，产生的噪声；另一种来自图像信号传输过程，由于传输介质的限制产生的噪声。常见的噪声类型包括椒盐噪声和高斯白噪声。

1. 椒盐噪声

椒盐噪声也称为脉冲噪声，其噪点一般是随机出现的白点或黑点。椒盐噪声的产生原因通常是在图像信号传输过程中信号受到干扰，噪声图像如图 3-2 所示。

图 3-2　噪声图像（椒盐噪声）

可以看到，被椒盐噪声影响的图像，噪点分布相对分散且随机。虽然人眼可以分辨出大致的人脸特征，但计算机在进行图像视觉处理时可能会出现错误识别的情况。

2. 高斯白噪声

高斯白噪声，顾名思义，其瞬时值服从高斯分布，而功率谱密度服从均匀分布。现实生活中最常见的一种高斯白噪声就是在夜间拍照时所产生的噪点，噪声图像如图 3-3 所示。

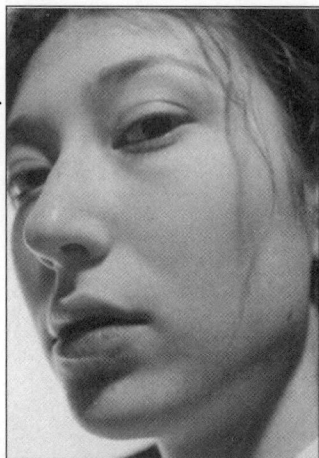

图 3-3　噪声图像（高斯白噪声）

3.1.2　常用平滑滤波方法

滤波是指从原始信号中剔除干扰信号以得到有用信号的技术。本节将介绍如何利用滤波技术对噪声进行平滑处理，减少或剔除无用噪点，保留图像的有用信息。

1. 均值滤波

均值滤波是最基础的平滑滤波方法，也是典型的线性滤波方法。它主要采用邻域平均算法来达成平滑图像的效果。通常，在图像上对目标像素指定一个内核（kernel），然后用目标像素周围像素的加权平均值来替换目标像素值，如图 3-4 所示。

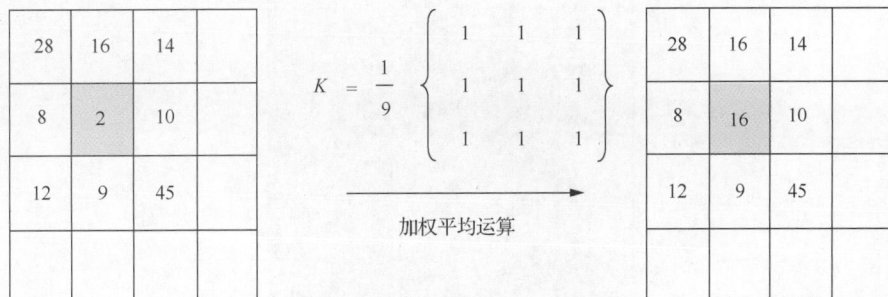

$$K = \frac{1}{9}\begin{Bmatrix} 1 & 1 & 1 \\ 1 & 1 & 1 \\ 1 & 1 & 1 \end{Bmatrix}$$

加权平均运算

图 3-4　均值滤波运算过程

在图 3-4 中，我们用 4×4 的方格来模拟图像的一部分，目标像素值 2 经过加权平均运算后，得到了像素值 16。从中我们也能看到，内核尺寸会影响图像的模糊程度，因此对于不同的噪声影响，需要选取合适的内核尺寸。为了简化调整过程，我们通常使用滑动条来辅助调节内核参数。程序如下：

```
import cv2

#回调函数，本例中无须使用，故为空
def onChange(x):
    pass
img = cv2.imread('SaltPepperNoise.jpg')
cv2.namedWindow('Blur')
cv2.createTrackbar('ksize', 'Blur', 1, 100, onChange)
while(True):
    ksize = cv2.getTrackbarPos('ksize','Blur')
    if ksize==0:
        ksize = 1
    #通过cv2.blur()函数返回值的方式获取处理后的图像数据
    blur = cv2.blur(img,(ksize,ksize))
    #通过将目标图像以参数形式传给cv2.blur()函数的方式获取处理后的图像数据
    blur = img.copy()
    cv2.blur(img,(ksize,ksize),blur)
    cv2.imshow('Blur',blur)
    if cv2.waitKey(1) == 27:
        break
```

如图 3-5 所示，当内核尺寸调整到 35 时，可达到较好的去噪效果。

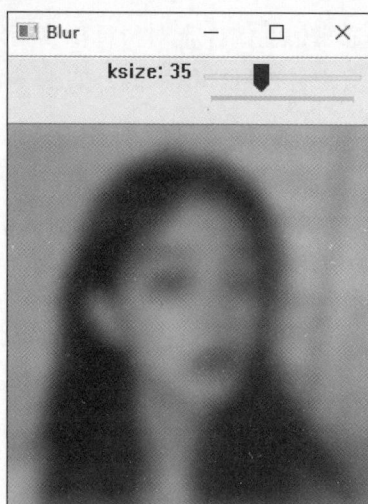

图 3-5　使用均值滤波的去噪效果

cv2.blur()函数可以对图像进行均值滤波处理后，输出图像，其基本格式如下：

```
dst=cv2.blur(src, ksize, anchor, borderType)
```

- 第 1 个参数：NumPy 数组类型的 src，表示要进行处理的原图像。
- 第 2 个参数：tuple 类型的 ksize，表示进行平滑处理的内核尺寸，如 ksize 等于(5,5)表示内核尺寸为 5×5，注意，ksize 不能为 0。
- 第 3 个参数：tuple 类型的 anchor，表示锚点，其默认值为(-1,-1)，表示锚点位于内核中心点位置。anchor 的坐标点必须小于 ksize。
- 第 4 个参数：int 类型的 borderType，用于推断图像外的边界，一般采用默认值。
- 返回值：NumPy 数组类型的 dst，表示经过处理后的图像，和原图像具有相同的尺寸和类型。

在上述程序中，首先读取需要进行去噪处理的图像，然后创建滑动条进行动态调参，在循环结构中获取动态设置的内核尺寸，并将其传入 cv2.blur()函数中进行平滑处理。最后显示处理后的图像，以查看效果。循环结构中的判断语句用于避免获取到内核设定值为 0 的情况。

2. 高斯滤波

高斯滤波也是一种线性滤波方法。相较于均值滤波，高斯滤波在图像去噪处理中应用更为广泛。本质上，高斯滤波也是通过对图像进行加权平均处理实现去噪的。与均值滤波不同的是，高斯滤波通过图像与高斯函数进行卷积实现高斯模糊效果。高斯滤波对于抑制符合正态分布的噪声非常有效。接下来，我们使用高斯滤波对被高斯噪声影响的图像进行去噪处理。程序如下：

```
import cv2


#回调函数，本例中无须使用，故为空
```

```
def onChange(x):
    pass
img = cv2.imread('Rangarik_noise.jpg')
cv2.namedWindow('Blur')
cv2.createTrackbar('ksize', 'Blur', 3, 100, onChange)
while(True):
    ksize = cv2.getTrackbarPos('ksize','Blur')
    if ksize <= 3:
        ksize = 3
    if ksize % 2 == 0:
        ksize = ksize+1
    #通过cv2.GaussianBlur()函数返回值的方式获取处理后的图像数据
    blur = cv2.GaussianBlur(img,(ksize,ksize),0)
    #通过将目标图像传参给cv2.GaussianBlur()函数的方式获取处理后的图像数据
    #blur = img.copy()
    #cv2.GaussianBlur(img,(ksize,ksize),0,blur)
    cv2.imshow('Blur',blur)
    if cv2.waitKey(1) == 27:
        break
```

如图 3-6 所示，将内核尺寸调整到 13×13 时，可达到较好的去噪效果。

图 3-6　使用高斯滤波的去噪效果

在上述程序中，cv2.GaussianBlur()函数可以对图像进行高斯滤波处理后，输出图像，其基本格式如下：

```
dst=cv2.GaussianBlur(src, ksize, sigmaX, sigmaY, borderType)
```

- 第 1 个参数：NumPy 数组类型的 src，表示要进行处理的原图像。
- 第 2 个参数：tuple 类型的 ksize，表示进行平滑处理的高斯核的大小，如 ksize 等于 (5,5)，表示内核大小为 5×5。注意，ksize 的值只能为奇数和正数。
- 第 3 个参数：float 类型的 sigmaX，表示高斯核函数在 x 方向的标准偏差。
- 第 4 个参数：float 类型的 sigmaY，表示高斯核函数在 y 方向的标准偏差。若 sigmaY 设置为 0，则将其设置为等于 sigmaX。若 sigmaX 和 sigmaY 都为 0，那么偏差由 ksize 计算得出。
- 第 5 个参数：int 类型的 borderType，用于推断图像外的边界，一般采用默认值。
- 返回值：NumPy 数组类型的 dst，表示经过处理后的图像，和原图像具有相同的尺寸和类型。

3. 中值滤波

中值滤波是典型的非线性滤波方法，其处理思路是取目标像素邻域像素值的中值来替代目标像素值。比如，对目标像素点(x,y)，采用 3×3 的窗口，首先对窗口内的像素值进行排序，然后取中值替代目标像素点(x,y)的值。中值滤波主要适用于抑制椒盐噪声。接下来，我们使用中值滤波对被椒盐噪声影响的图像进行去噪处理，程序如下：

```python
import cv2


#回调函数，本例中无须使用，故为空
def onChange(x):
    pass


img = cv2.imread('Filho_noise.jpg')


cv2.namedWindow('Blur')
cv2.createTrackbar('ksize', 'Blur', 1, 20, onChange)
while(True):
    ksize = cv2.getTrackbarPos('ksize','Blur')
    if ksize % 2 == 0:
        ksize = ksize+1
    #通过cv2.medianBlur()函数返回值的方式获取处理后的图像数据
    blur = cv2.medianBlur(img,ksize)
    #通过将目标图像传参给cv2.medianBlur()函数的方式获取处理后的图像数据
    #blur = img.copy()
```

```
#cv2.medianBlur(img,ksize,blur)
cv2.imshow('Blur',blur)
if cv2.waitKey(1) == 27:
    break
```

采用均值滤波处理时，噪声像素点也会参与加权平均运算，所以处理效果或多或少会受到噪声的影响。与均值滤波不同，在中值滤波过程中，噪声像素点通常不会被选择，因此中值滤波在消除噪声方面更为有效。

使用中值滤波的去噪效果如图 3-7 所示。对比图 3-5 可以看到，对同一幅图像，中值滤波的去噪效果远好于均值滤波，能在保留细节的同时更大程度地有效去除噪声。

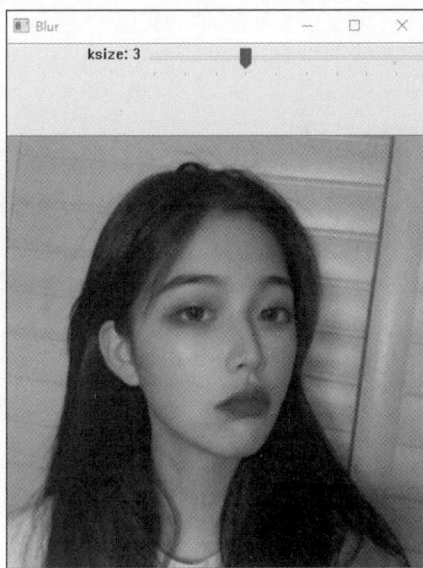

图 3-7　使用中值滤波的去噪效果

在上述程序中，cv2.medianBlur()函数可以对图像进行中值滤波处理后，输出图像，其基本格式如下：

```
dst=cv2.medianBlur(src, ksize)
```

- 第 1 个参数：NumPy 数组类型的 src，表示要进行处理的原图像。
- 第 2 个参数：int 类型的 ksize，表示进行中值滤波处理的内核的尺寸。
- 返回值：NumPy 数组类型的 dst，表示经过处理后的目标图像和原图像具有相同的尺寸和类型。

程序首先读取被椒盐噪声影响的图像，在循环中对图像进行处理后显示处理效果。循环结构中的判断语句用于确保 ksize 为奇数。

4. 双边滤波

前面提到的几种平滑滤波处理方法都会对图像边缘造成不同程度的模糊。接下来将介绍双边滤波，它可以在最大限度保留边缘的同时消除噪声。双边滤波也是一种非线性滤波方法。

前文提到，高斯滤波采用的是图像与高斯分布的滤波函数进行加权平均。双边滤波同样采用高斯分布的滤波函数作为定义域滤波。但与高斯滤波不同，双边滤波引入了值域滤波的概念。高斯滤波只考虑了位置对中心像素的影响，而引入值域滤波的双边滤波在考虑位置影响的同时，还考虑了像素差异对中心像素的影响。简而言之，在像素值变化较小的区域，定义域滤波起主导作用，相当于进行了高斯滤波；在图像的边缘区域，像素值变化很大，值域滤波起主导作用，有助于保留边缘细节。

接下来，我们使用双边滤波对噪声图像进行去噪处理，效果如图 3-8 所示。程序如下：

```python
import cv2

#回调函数，本例中无须使用，故为空
def onChange(x):
    pass


img = cv2.imread('Rangarik_noise.jpg')


cv2.namedWindow('Blur')
cv2.createTrackbar('ksize', 'Blur', 1, 60, onChange)
cv2.createTrackbar('sigmaColor', 'Blur', 0, 60, onChange)
cv2.createTrackbar('sigmaSpace', 'Blur', 0, 60, onChange)


while(True):
    ksize = cv2.getTrackbarPos('ksize','Blur')
    sigmaColor = cv2.getTrackbarPos('sigmaColor','Blur')
    sigmaSpace = cv2.getTrackbarPos('sigmaSpace','Blur')


    if ksize == 0:
        ksize = 1


    #通过 cv2.bilateralFilter()函数返回值的方式获取处理后的图像数据
    blur = cv2.bilateralFilter(img,ksize,sigmaColor,sigmaSpace)
    #通过将目标图像传参给 cv2.bilateralFilter()函数的方式获取处理后的图像数据
    #blur = img.copy()
    #cv2.bilateralFilter(img,ksize,blur)
    cv2.imshow('Blur',blur)
    if cv2.waitKey(1) == 27:
        break
```

图 3-8　使用双边滤波的去噪效果

在上述程序中，我们引入用于对图像进行双边滤波处理的函数 cv2.bilateralFilter()，其基本格式如下：

```
dst=cv2.bilateralFilter(src, d, sigmaColor, sigmaSpace, borderType)
```

- 第 1 个参数：NumPy 数组类型的 src，表示要进行处理的原图像。
- 第 2 个参数：int 类型的 d，表示在滤波过程中像素邻域的直径。如果这个值被设置为非正数，则会通过 sigmaSpace 计算得出。
- 第 3 个参数：float 类型的 sigmaColor，表示色彩空间滤波器的 sigma 值。它的数值越大，表明该像素邻域内有越宽广的颜色将被混合到一起，产生越大的半相等颜色区域。
- 第 4 个参数：float 类型的 sigmaSpace，表示坐标空间滤波器的 sigma 值，即坐标空间的协方差。它的数值越大，意味着越远的像素会相互影响，从而使更大的区域中足够相似的颜色获取相同的颜色。当 d>0 时，d 指定了邻域大小且与 sigmaSpace 无关，否则，邻域大小与 sigmaSpace 成正比。
- 第 5 个参数：int 类型的 borderType，用于推断图像外的边界，一般采用默认值。
- 返回值：NumPy 数组类型的 dst，表示经过处理后的图像，和原图像具有相同的尺寸和类型。

与前面的其他滤波程序相比，双边滤波程序增加了两个滑动条，能够更清晰地看出 sigmaColor 和 sigmaSpace 对图像处理效果的影响。

3.2　数学形态学处理

数学形态学（Mathematical Morphology）是一门建立在格论和拓扑学基础之上的图像

分析学科，是数学形态学图像处理的基础理论，简称形态学。其基本的运算包括腐蚀和膨胀、开运算和闭运算、骨架抽取、击中击不中变换、形态学梯度、Top-Hat 变换、颗粒分析、流域变换等。其中的腐蚀和膨胀、开运算和闭运算是本节讲解的重点。

数学形态学处理

在本节中，我们将对灰度图像进行操作，关注的对象是灰度图像中的高亮区域（灰度值低的区域），如图 3-9 所示。

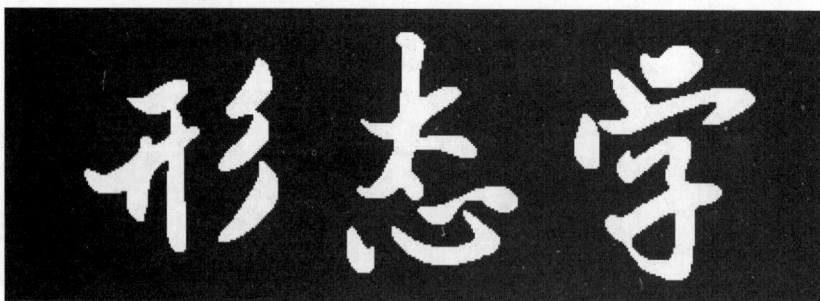

图 3-9　灰度图像高亮区域

3.2.1　腐蚀与膨胀

腐蚀与膨胀是形态学的基本运算，它们能够消除噪声，更主要的是用于分割独立的图像元素，以及连接相邻的元素，其本质是寻找图像中的极小值区域或极大值区域。

腐蚀与膨胀，正如字面意思，是一对相反的操作。对灰度图像中高亮区域进行腐蚀处理，意味着要减小这些高亮区域的尺寸；而对灰度图像高亮区域进行膨胀处理，则是扩大这些高亮区域的尺寸，如图 3-10 所示。

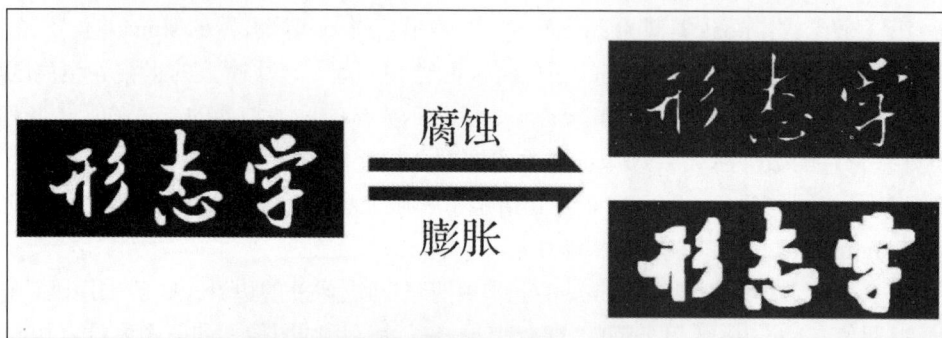

图 3-10　腐蚀和膨胀处理样例

膨胀运算通过取目标像素邻域内的极大值来替代目标像素。寻找极大值的运算通常是在特定区间进行的。在图像处理中，这个区间是指一个窗口区域，其定义和前面提到的核类似。如图 3-11 所示，我们取图像中的部分区域。当处理图中像素值为 88 的点时，如果取窗口尺寸为 3×3 的内核进行运算，目标像素会被其邻域 3×3 区域内的最大值 200 所替代；若选用窗口尺寸为 5×5 的内核进行运算，则目标像素会被其邻域 5×5 区域内的最大值 214 所替代。

$$K=\max \begin{bmatrix} 1 & 1 & 1 \\ 1 & 1 & 1 \\ 1 & 1 & 1 \end{bmatrix}$$

0	0	0	0	0
20	40	0	0	0
20	70	88	0	0
32	200	30	90	0
180	208	214	189	50

200

$$K=\max \begin{bmatrix} 1 & 1 & 1 & 1 & 1 \\ 1 & 1 & 1 & 1 & 1 \\ 1 & 1 & 1 & 1 & 1 \\ 1 & 1 & 1 & 1 & 1 \\ 1 & 1 & 1 & 1 & 1 \end{bmatrix}$$

214

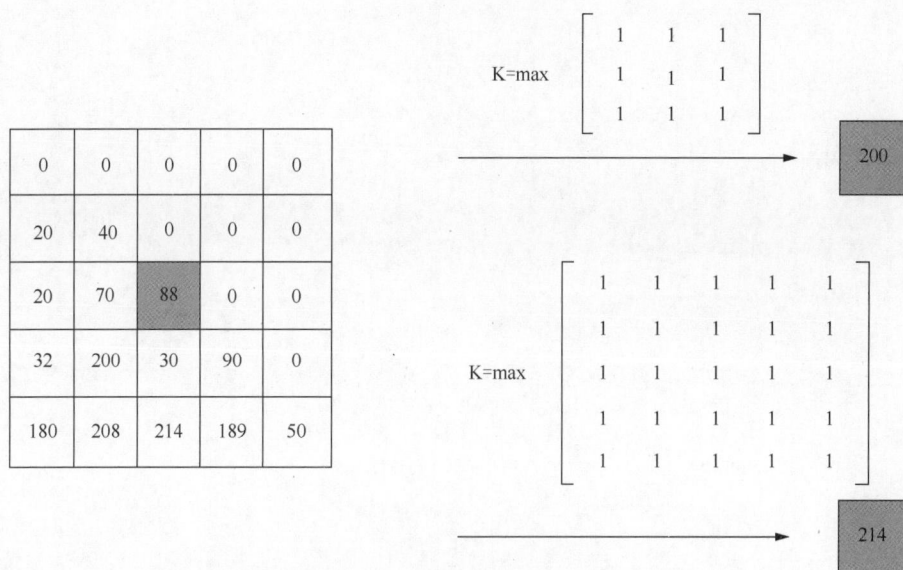

图 3-11　取极大值运算（膨胀）

　　腐蚀运算与膨胀运算相反，它通过取目标像素邻域内的极小值来替代目标像素。接下来，我们通过一个程序来观察不同窗口尺寸的膨胀与腐蚀运算对图像的影响。该程序具备滑动条功能，可以动态改变内核尺寸，效果如图 3-12 所示。

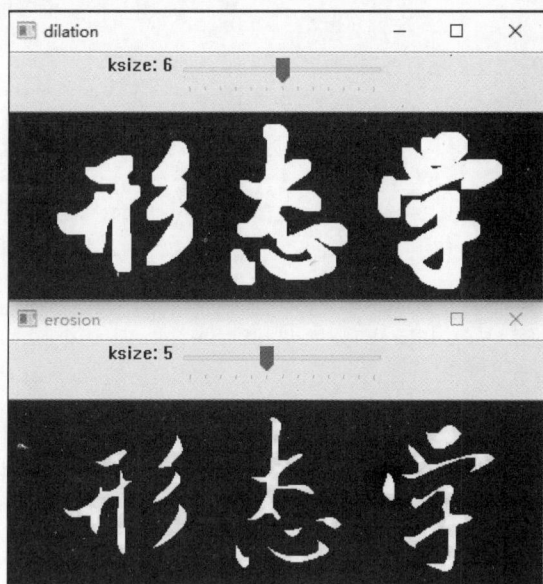

图 3-12　膨胀与腐蚀效果

程序如下：

```
import cv2
import numpy as np
#回调函数，本例中无须使用，故为空
```

```
def onChange(x):
    pass
img = cv2.imread('write.jpg',0)
#腐蚀图像窗口
cv2.namedWindow('erosion')
cv2.createTrackbar('ksize', 'erosion', 1, 12, onChange)
#膨胀图像窗口
cv2.namedWindow('dilation')
cv2.createTrackbar('ksize', 'dilation', 1, 12, onChange)
while(True):
    #获取腐蚀内核的尺寸
    ksize_erosion = cv2.getTrackbarPos('ksize','erosion')
    kernel_erosion = np.ones((ksize_erosion,ksize_erosion),np.uint8)
    img_erosion = cv2.erode(img,kernel_erosion)
    cv2.imshow('erosion',img_erosion)
    #获取膨胀内核的尺寸
    ksize_dilation = cv2.getTrackbarPos('ksize','dilation')
    kernel_dilation = np.ones((ksize_dilation,ksize_dilation),np.uint8)
    img_dilation = cv2.dilate(img,kernel_dilation)
    cv2.imshow('dilation',img_dilation)
    if cv2.waitKey(1) == 27:
        break
```

在上述程序中，我们首先创建了两个窗口及相应的滑动条，分别用于控制腐蚀和膨胀函数的内核尺寸参数。随后，我们引入了两个新的函数 cv2.dilate()和 cv2.erode()，通过函数实现对图像的腐蚀和膨胀处理，并将处理后的结果显示出来。

在 OpenCV 中，使用 cv2.dilate()函数实现膨胀操作，其基本格式如下：

```
dst=cv2.dilate(src, kernel, anchor, iterations, borderType, borderValue)
```

- 第 1 个参数：NumPy 数组类型的 src，表示要进行处理的原图像。
- 第 2 个参数：NumPy 数组类型的 kernel，表示进行膨胀处理的内核。
- 第 3 个参数：tuple 类型的 anchor，表示锚点的位置，其默认值为(-1,-1)，表示锚点位于内核中心点位置。
- 第 4 个参数：int 类型的 iterations，表示迭代次数，默认值为 1。
- 第 5 个参数：str 类型的 borderType，用于推断图像外部像素的某种边界模式，默认值为 cv2.BORDER_CONSTANT。
- 第 6 个参数：int 类型的 borderValue，表示边界值。
- 返回值：NumPy 数组类型的 dst，表示经过处理后的图像，和原图像具有相同的尺寸和类型。

在 OpenCV 中，使用 cv2.erode()函数实现腐蚀操作，其基本格式如下：

```
dst=cv2.erode(src, kernel, anchor, iterations, borderType, borderValue)
```

- 第 1 个参数：NumPy 数组类型的 src，表示要进行腐蚀的原图像。
- 第 2 个参数：NumPy 数组类型的 kernel，表示进行腐蚀处理的内核。
- 第 3 个参数：tuple 类型的 anchor，表示锚点的位置，其默认值为(-1,-1)，表示锚点位于内核中心点位置。
- 第 4 个参数：int 类型的 iterations，表示迭代次数，默认值为 1。
- 第 5 个参数：str 类型的 borderType，用于推断图像外部像素的某种边界模式，默认值为 cv2.BORDER_CONSTANT。
- 第 6 个参数：int 类型的 borderValue，表示边界值。
- 返回值：NumPy 数组类型的 dst，表示经过处理后的图像和原图像具有相同的尺寸和类型。

膨胀和腐蚀运算所使用的函数参数大致相同，一般我们只需要传入图像参数和内核参数，其他参数都设有默认值。

3.2.2　开运算、闭运算、形态学梯度

开运算和闭运算的基本思路是通过腐蚀和膨胀的组合运算来消除图像中高亮区域的噪声。形态学梯度往往用于提取高亮区域的轮廓。我们可以将膨胀和腐蚀视为函数，开运算、闭运算和形态学梯度则是由膨胀和腐蚀组成的复合函数，如图 3-13 所示。

开运算（图像）=膨胀［腐蚀（图像）］

闭运算（图像）=腐蚀［膨胀（图像）］

形态学梯度（图像）=膨胀（图像）-腐蚀（图像）

图 3-13　开运算、闭运算、形态学梯度公式

从图 3-13 可以看到，开运算是对图像进行先腐蚀后膨胀的操作，这样能够有效地消除高亮区域以外的噪声；而闭运算是对图像进行先膨胀后腐蚀的操作，这样有利于消除高亮区域内的噪声；形态学梯度则是计算膨胀后图像与腐蚀后图像的差，从而得到高亮区域的轮廓。

需要注意的是，在实际应用中，开运算、闭运算和形态学梯度都可以直接使用本节将要介绍的 cv2.morphologyEx()函数，不需要对 cv2.dilate()函数和 cv2.erode()函数进行组合使用。当然手动进行组合也是一种可行的方法。

1．开运算和闭运算

接下来，我们通过实际案例来深入了解开运算和闭运算的应用。使用开运算的去噪效果如图 3-14 所示。

图 3-14　使用开运算的去噪效果

从图中可见，我们使用开运算精确地去除了高亮区域之外的噪点，同时保留了高亮区域。程序如下：

```python
import cv2
import numpy as np
img = cv2.imread('write_open.jpg')
kernel = np.ones((5,5),np.uint8)
img_open = cv2.morphologyEx(img,cv2.MORPH_OPEN,kernel)
cv2.imshow('src',img)
cv2.imshow('dst',img_open)
cv2.waitKey()
```

程序首先读取有噪声的图像，接着定义用于开运算处理的内核，调用形态学处理函数 cv2.morphologyEx()进行开运算处理，并将处理后的图像显示出来。

接下来，我们使用闭运算来完成图像的去噪处理，效果如图 3-15 所示。

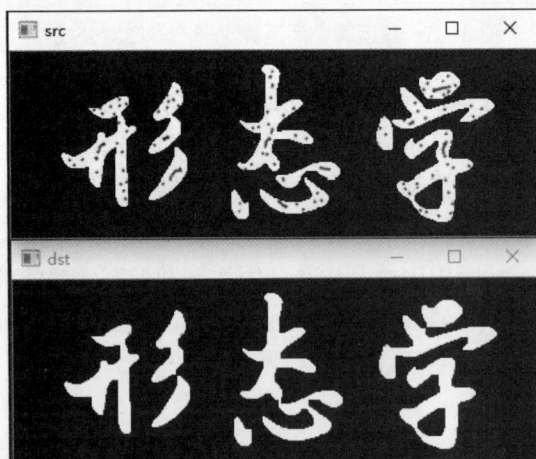

图 3-15　使用闭运算的去噪效果

从图 3-15 可以看到，采用闭运算进行去噪处理的图像，噪声普遍分布在图像的高亮区域。闭运算对此类噪声的消除效果非常显著。程序如下：

```
import cv2
import numpy as np
img = cv2.imread('write_close.jpg')
kernel = np.ones((5,5),np.uint8)
img_close = cv2.morphologyEx(img,cv2.MORPH_CLOSE,kernel)
cv2.imshow('src',img)
cv2.imshow('dst',img_close)
cv2.waitKey()
```

在上面的程序中，处理步骤与使用开运算的处理步骤大致相同，区别在于传入cv2.morphologyEx()函数的图像不同，以及将函数的第2个参数更改为cv2.MORPH_CLOSE。cv2.morphologyEx()函数是用于形态学处理的函数，通过设置不同的参数，它可以实现开运算、闭运算和形态学梯度等多种形态学处理。其基本格式如下：

```
dst=cv2.morphologyEx(src, op, kernel, anchor, iterations, borderType,
borderValue)
```

- 第1个参数：NumPy 数组类型的 src，表示要进行处理的原图像。
- 第2个参数：str 类型的 op，表示形态学处理的类型，具体参数如表 3-1 所示。

表 3-1 op 常用参数

常用参数	含义
cv2.MORPH_OPEN	开运算
cv2.MORPH_CLOSE	闭运算
cv2.MORPH_GRADIENT	形态学梯度
cv2.MORPH_TOPHAT	顶帽
cv2.MORPH_BLACKHAT	黑帽
cv2.MORPH_ERODE	腐蚀
cv2.MORPH_DILATE	膨胀

- 第3个参数：NumPy 数组类型的 kernel，表示进行形态学处理的内核。
- 第4个参数：tuple 类型的 anchor，表示锚点的位置，其默认值为(-1,-1)，表示锚点位于内核中心点位置。
- 第5个参数：int 类型的 iterations，表示迭代次数，默认值为1。
- 第6个参数：str 类型的 borderType，用于推断图像外部像素的某种边界模式，默认值为 cv2.BORDER_CONSTANT。
- 第7个参数：int 类型的 borderValue，表示边界值。
- 返回值：NumPy 数组类型的 dst，表示经过处理后的图像，和原图像具有相同的尺寸和类型。

在进行形态学处理时，一般只需要传入前 3 个参数：需要处理的图像、形态学处理类型以及形态学处理内核，其他参数都设有默认值。

2．形态学梯度

形态学梯度是通过基于形态学理论提取的图形梯度，主要作用是提取高亮区域的轮廓。具体步骤是先对高亮区域进行膨胀处理和腐蚀处理，然后剔除被腐蚀区域，接下来使用 cv2.morphologyEx()函数完成图像的形态学梯度处理，效果如图 3-16 所示。

图 3-16　使用形态学梯度的去噪效果

经运算后得到的区域正是膨胀运算和腐蚀运算的差，运算结果就是高亮区域的轮廓。程序如下：

```python
import cv2
import numpy as np
img = cv2.imread('write.jpg')
kernel = np.ones((5,5),np.uint8)
img_gradient = cv2.morphologyEx(img,cv2.MORPH_GRADIENT,kernel)
cv2.imshow('src',img)
cv2.imshow('dst',img_gradient)
cv2.waitKey()
```

3.3　图像金字塔

图像金字塔

在前面的学习中，我们处理的图像都是大小固定的。但在某些情况下，我们可能需要处理同一幅图像的不同分辨率的版本，如在进行目标（如脸部）搜索时，我们可能无法确定目标在图像中的确切大小。这种情况下，就需要对图像的不同分辨率的版本进行搜索。这样一组不同分辨率的图像，我们称之为图像金字塔（以高分辨率的原图像为底，低分辨率的图像在顶部，层层叠起，喻为金字塔），如图 3-17 所示。

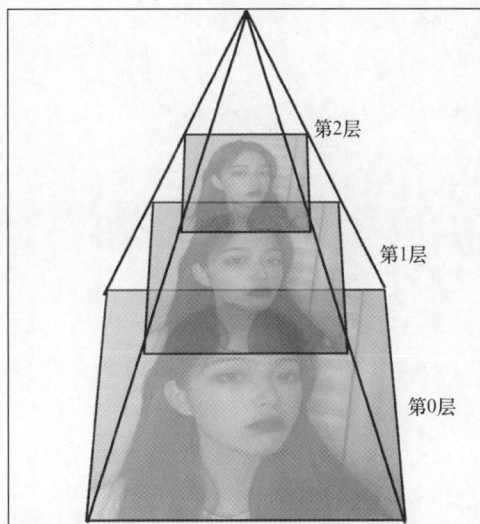

图 3-17　图像金字塔

　　图像金字塔有两种：高斯金字塔和拉普拉斯金字塔。高斯金字塔（Gaussian pyramid）是通过对原图像进行向下采样得到的一组不同分辨率的图像，而拉普拉斯金字塔（Laplacian pyramid）则是通过向上采样得到的。向下采样最明显的效果就是图像缩小，而向上采样通过图像插值得到图像的放大版本。

　　OpenCV 中提供了 cv2.pyrDown()函数及 cv2.pyrUp()函数，分别用于对图像进行向下采样和向上采样的操作，效果分别如图 3-18、图 3-19 所示。

图 3-18　向下采样

图 3-19　向上采样

　　程序如下：

```
import cv2


#向下采样
```

```
pyramid_0 = cv2.imread('girl.jpg')

pyramid_1 = cv2.pyrDown(pyramid_0)

pyramid_2 = cv2.pyrDown(pyramid_1)

cv2.imshow('pyramid0',pyramid_0)

cv2.imshow('pyramid1',pyramid_1)

cv2.imshow('pyramid2',pyramid_2)


#向上采样
# pyramid_0 = cv2.imread('male.jpg')

# pyramid_1 = cv2.pyrUp(pyramid_0)

# pyramid_2 = cv2.pyrUp(pyramid_1)

# cv2.imshow('pyramid0',pyramid_0)

# cv2.imshow('pyramid1',pyramid_1)

# cv2.imshow('pyramid2',pyramid_2)


cv2.waitKey()
```

在上述程序中，我们使用 cv2.pyrDown()函数对 girl.jpg 完成向下采样，使用 cv2.pyrUp()函数对 male.jpg 完成向上采样。

函数 cv2.pyrDown()用于实现图像高斯金字塔操作中的向下采样，其基本格式如下：

```
dst=cv2.pyrDown(src, dstsize, borderType)
```

- 第 1 个参数：NumPy 数组类型的 src，表示要进行向下采样的原图像。
- 第 2 个参数：tuple 类型的 dstsize，表示输出图像的宽度和高度，参数要求两倍 dst（向下采样后的图像）的宽高，与原图像的宽高比不能超过两个像素。
- 第 3 个参数：int 类型的 borderType，用于推断图像外的边界，一般采用默认值。
- 返回值：NumPy 数组类型的 dst，表示经过处理的图像。

函数 cv2.pyrUp()用于实现图像高斯金字塔操作中的向上采样，其基本格式如下：

```
dst=cv2.pyrUp(src, dstsize, borderType)
```

- 第 1 个参数：NumPy 数组类型的 src，表示要进行向上采样的原图像。
- 第 2 个参数：tuple 类型的 dstsize，表示输出图像的宽度和高度，参数要求输出图像的尺寸应为原图像尺寸的整数倍，并且不超过原图像尺寸的两倍。
- 第 3 个参数：int 类型的 borderType，用于推断图像外的边界，一般采用默认值。
- 返回值：NumPy 数组类型的 dst，表示经过处理的图像。

3.4 小结

图像数据在成型和传输过程中可能会产生不同程度的噪声，常见的噪声包括椒盐噪声和高斯白噪声。常用的平滑滤波方法中，线性滤波主要包括均值滤波和高斯滤波，非线性滤波包括中值滤波和双边滤波。

数学形态学处理的主要关注目标是灰度图像中的高亮区域。

习题

1. 现在需要对图像 img 进行均值滤波处理，应使用的函数是（　　　　）。

    A．cv2.GaussianBlur()

    B．cv2.medianBlur()

    C．cv2.bilateralFilter()

    D．cv2.blur()

2. 现在需要对图像 img 进行腐蚀处理，应使用的函数是（　　　　）。

    A．cv2.erode()

    B．cv2.dilate()

    C．cv2.morphologyEx()

    D．cv2.blur()

3. 现在需要对图像 img 进行双边滤波处理，应使用的函数是（　　　　）。

    A．cv2.GaussianBlur()

    B．cv2.medianBlur()

    C．cv2.bilateralFilter()

    D．cv2.blur()

4. 现在需要对图像 img 进行中值滤波处理，应使用的函数是（　　　　）。

    A．cv2.GaussianBlur()

    B．cv2.medianBlur()

    C．cv2.bilateralFilter()

    D．cv2.blur()

5. cv2.morphologyEx(src, op, kernel, dst, anchor, iterations, borderType, borderValue)中参数 kernel 的含义是（　　　　）。

    A．形态学处理的内核

    B．形态学处理的类型

    C．形态学处理的边界模式

    D．形态学处理的边界值

6. 图像金字塔有两种：一种是通过对原图像进行＿＿＿＿＿＿得到的一组不同分辨率图像的高斯金字塔，它最明显的效果就是图像缩小；另一种是通过＿＿＿＿＿＿得到的拉普拉斯金字塔，它得到的是图像的放大版本。

7. 请编写一个程序，完成以下操作：读取 tree.jpg 图像，使用 cv2.GaussianBlur()函数进行平滑处理，分别使用尺寸为 3×3、7×7、11×11 的对称高斯核进行平滑处理并显示结果。对图像进行两次 3×3 高斯滤波器平滑处理，检查其输出结果与使用 7×7 高斯滤波器平滑处理的结果是否相同，为什么？

8. 读取 mountain.jpg 图像，通过以下两种方式对图像进行处理，对比观察结果有什么区别。

（1）用 cv2.resize()函数将图像缩小为原来的 1/4（即每个维度减少至原来的一半），重复 3 次操作，然后显示结果。

（2）用 cv2.pyrDown()函数缩小原图像，重复 3 次操作，然后显示结果。

第 4 章 图像基础变换

学习目标

- 了解几何图形的边缘及其检测方法。
- 掌握不同算子和滤波器的检测特点。
- 掌握霍夫变换。
- 掌握直方图。

图像变换同样是对图像进行的操作，但与图像处理有所不同。我们日常所见的图像由颜色、边缘和轮廓组成，然而在实际应用中，往往只需要其中的某一项或几项数据（如颜色、边缘或轮廓）。

运用图像变换技术，我们可以对图像数据进行处理，从而提取到另一种表示形式的数据。例如，对图像进行边缘检测后，得到的边缘二值图像就是一种只包含图像边缘信息的数据表示，图像中颜色信息则被过滤掉了，如图 4-1 所示。

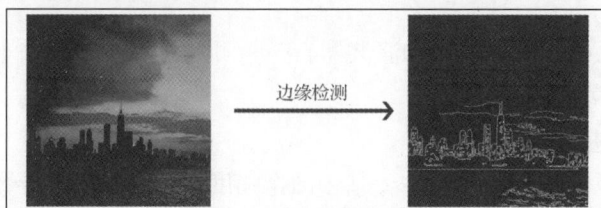

图 4-1　边缘检测效果

4.1　边缘检测

边缘指的是物体的周边部分或临界区域。思考一下，我们平时是如何识别物体的边缘的？对于天空中稀薄的云，我们很难找到它们之间的界限，如图 4-2 所示。

图 4-2　天空中稀薄的云

而如果此时有一架飞机飞过天空，我们却能轻易地将它的边缘辨别出来，如图 4-3 所示。

图 4-3　天空中的飞机

由此，我们可以得出结论：图 4-2 所示天空中稀薄的云的颜色是渐变的，边缘不易区分；而图 4-3 所示天空和飞机的颜色有明显差别，飞机边缘更易于辨别。接下来，我们将学习基于这一规律的边缘检测算法。同时，我们也可以得出结论：当发现物体时，物体的边缘能够更快地引起我们的注意，成为视觉感知的焦点。边缘检测也是计算机视觉技术中物体识别的基础。

本节我们将学习使用不同算子和滤波器，来进行图像的边缘检测。如 Sobel 算子、Scharr 滤波器、Laplacian 算子、Canny 算子。

边缘检测一般包括以下 3 步操作。

（1）降低噪声：边缘检测算法主要基于图像强度的一阶和二阶导数，但导数的计算对噪声很敏感，因此首先要使用用于平滑处理的滤波器来降低噪声干扰。需要注意，大多数滤波器在降低噪声的同时也导致了边缘强度的损失，间接对边缘检测效果造成影响，因此，在实际应用中，通常需要在滤波和边缘保留之间找到一个平衡点。

（2）增强边缘：增强边缘的基础是确定图像各点邻域强度的变化值。使用增强算法可以将邻域（或局部）强度值有显著变化的点凸显出来，即凸显邻域间的差异。边缘增强算法一般通过计算梯度幅值来完成。

（3）检测边缘点：经过增强处理后的图像，其像素邻域中往往存在很多梯度值较大的边缘点。在某些应用场景下，过多的不准确边缘点会对结果产生不良影响。为此，通常需要依据梯度幅值的阈值来判断和筛选边缘点。

4.1.1　Sobel 算子

我们在前面已经了解到，图像边缘的检测实际上就是对图像颜色变化率的计算，我们先从图像的水平方向像素值来观察不同区域像素值的变化，如图 4-4 所示。

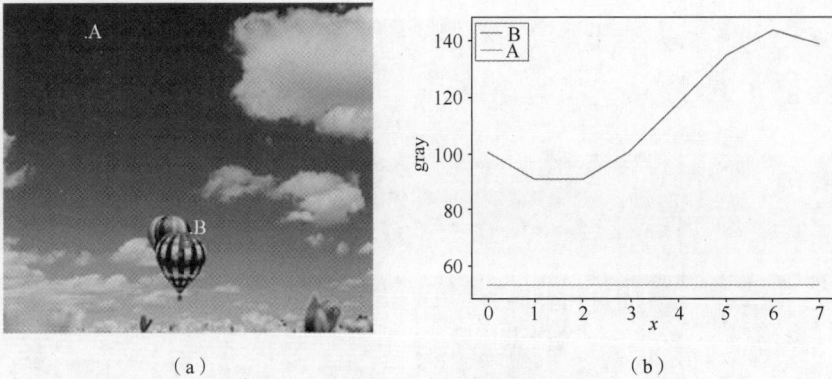

（a）　　　　　　　　　　　　　（b）

图 4-4　A、B 点的水平方向像素值变化

从图 4-4 可以看到，图中 A 点所在区域像素值变化平坦，B 点所在区域像素值变化显著。这表明 B 点可能位于边缘区域。实际上，B 点在热气球的条纹处，就是边缘区域。故我们可以通过求离散点梯度的方式来检测图像中的边缘，如图 4-5 所示。

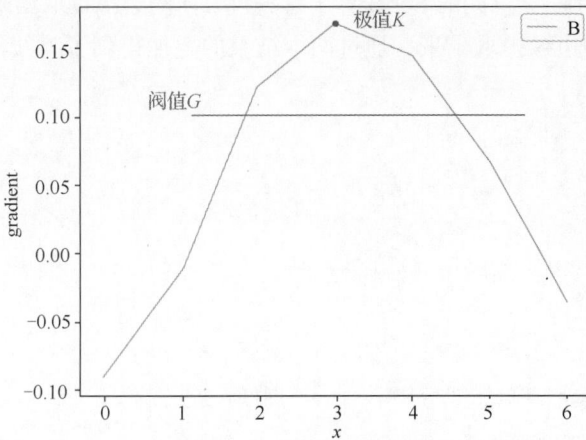

图 4-5　边缘区域的梯度

Sobel 算子是一种基本的一阶微分算子。对于边缘区域的像素点，像素值通常呈现出阶跃式变化，如图 4-4 中的折线所示。通过对该区域求一阶微分，可得到该区域灰度值的变化率，进而确定边缘位置。通常，边缘区域是指变化率为极值 K 或者大于某个阈值 G 的部分，如图 4-5 所示。

前面所说的是一维像素值的一阶微分算子。而将 Sobel 算子应用于图像数据时，需要在 x 方向和 y 方向分别进行一阶微分运算，并将结果叠加，从而得到图像的全局边缘数据。

Sobel 算子结合了高斯平滑和微分操作，因此其输出结果具有一定的抗噪性。在对边缘精度要求不高的情况下，常用 Sobel 算子进行边缘检测。

我们通过 x 方向的 Sobel 算子与 y 方向的 Sobel 算子分别对图像进行运算，并将结果叠加来检测图像边缘，效果如图 4-6 所示。

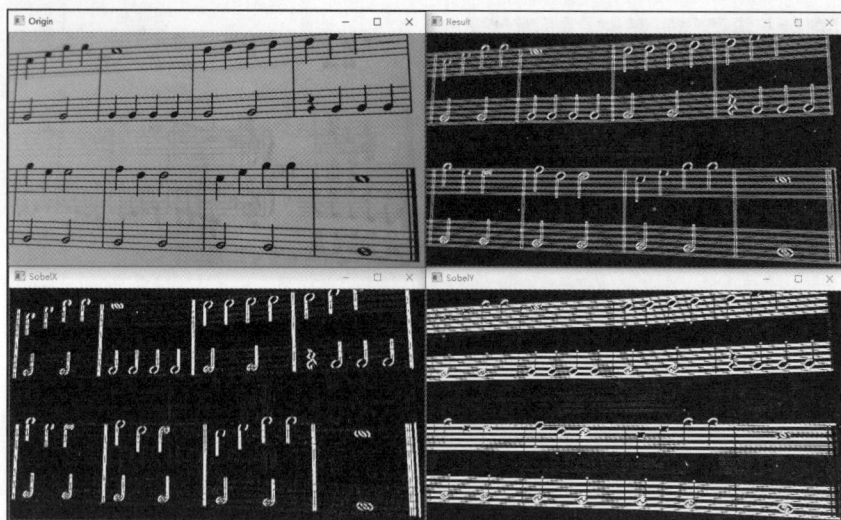

图 4-6　Sobel 算子边缘检测效果

从图 4-6 可以看到，x 方向的 Sobel 算子将垂直方向的边缘提取出来，而 y 方向的 Sobel 算子则将水平方向的边缘提取出来，通过两个结果的叠加得到了五线谱的边缘信息。

程序如下：

```python
import cv2
import numpy as np


img = cv2.imread("Notation.jpg", 0)
x = cv2.Sobel(img,cv2.CV_16S,1,0)
y = cv2.Sobel(img,cv2.CV_16S,0,1)
SobelX = cv2.convertScaleAbs(x)  #将图像数据转为 np.uint8 类型
SobelY = cv2.convertScaleAbs(y)
dst = cv2.addWeighted(SobelX,0.5,SobelY,0.5,0)
cv2.imshow("Origin",img)
cv2.imshow("SobelX", SobelX)
cv2.imshow("SobelY", SobelY)
cv2.imshow("Result", dst)
cv2.waitKey()
```

在上述程序中，我们对同一幅图像分别应用 x 方向和 y 方向的 Sobel 算子进行运算，并将两幅图叠加得到了五线谱整体的边缘信息，其中引入的新的函数及其作用分别如下。

使用 cv2.Sobel()函数扩展的 Sobel 算子来计算一阶、二阶、三阶或混合运算图像的差分。其基本格式如下：

```
dst=cv2.Sobel(src, ddepth, dx, dy, ksize, scale, delta, borderType)
```

- 第 1 个参数：NumPy 数组类型的 src，表示要进行处理的原图像。
- 第 2 个参数：int 类型的 ddepth，表示输出图像的深度。

- 第 3 个参数：int 类型的 dx，表示 *x* 方向的差分阶数。
- 第 4 个参数：int 类型的 dy，表示 *y* 方向的差分阶数。
- 第 5 个参数：int 类型的 ksize，表示 Sobel 核的大小，必须取 1、3、5 或 7，默认值为 3。
- 第 6 个参数：float 类型的 scale，计算导数时可选的缩放因子，默认值是 1，表示默认情况下是无缩放的。
- 第 7 个参数：float 类型的 delta，表示在结果存入目标图像（第 5 个参数 dst）之前可选的 delta 值，默认值为 0。
- 第 8 个参数：int 类型的 borderType，用于推断图像外部像素的某种边界模式，默认值为 cv2.BORDER_DEFAULT。
- 返回值：NumPy 数组类型的 dst，表示经过处理后的图像，需要和原图像具有相同的尺寸和类型。

cv2.convertScaleAbs()函数用于将图像数据转换为 np.uint8，其基本格式如下：

```
dst=cv2.convertScaleAbs(src, alpha, beta)
```

- 第 1 个参数：NumPy 数组类型的 src，表示要进行处理的原图像。
- 第 2 个参数：float 类型的 alpha，表示转换为 np.uint8 的比例因子。
- 第 3 个参数：float 类型的 beta，表示转换的缩放值。
- 返回值：NumPy 数组类型的 dst，表示经过处理后的图像，需要和原图像具有相同尺寸和类型。

cv2.addWeighted()函数用于对传入的两幅图像进行不同阈值的叠加（混合），其基本格式如下：

```
cv2.addWeighted(src1, alpha, src2, beta, gammlana, dtype)
```

- 第 1 个参数：NumPy 数组类型的 src1，表示要进行处理的第 1 幅原图像。
- 第 2 个参数：float 类型的 alpha，表示对 src1 图像进行透明处理的阈值
- 第 3 个参数：NumPy 数组类型的 src2，表示要进行处理的第 2 幅原图像。
- 第 4 个参数：float 类型的 beta，表示对 src2 图像进行透明处理的阈值。
- 第 5 个参数：float 类型的 gammlana，表示对混合图像的增强。
- 第 6 个参数：int 类型的 dtype，表示输出图像的可选深度，默认值为-1。当两幅图像深度一致时，该参数设置为默认值-1，表示等同于 src1 图像的深度。
- 返回值：NumPy 数组类型的 dst，表示经过处理后的图像，需要和原图像具有相同尺寸和类型。

4.1.2　Scharr 滤波器

Scharr 滤波器用于解决 Sobel 算子在边缘检测时精度较低的问题（Sobel 算子为了提升运算速度采取求导的近似值的方法）。Scharr 滤波器仅作用于尺寸为 3×3 的内核。Scharr 滤波器的运算过程和 Sobel 算子的基本相同，效果如图 4-7 所示。

Scharr 滤波器

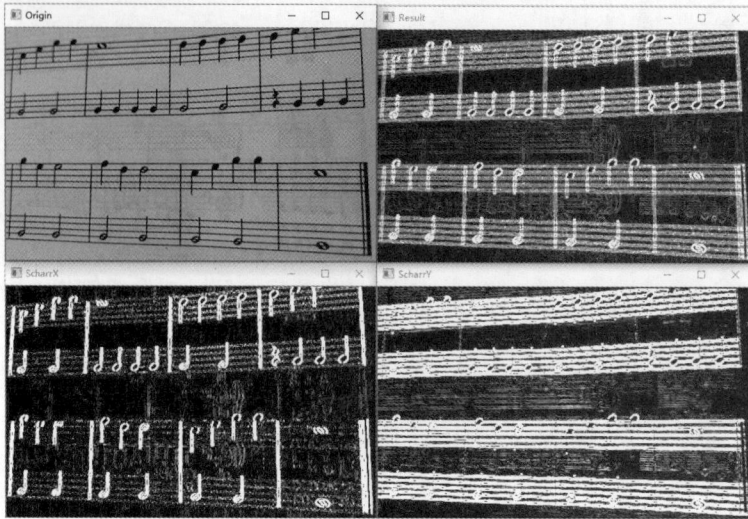

图 4-7　Scharr 滤波器边缘检测效果

程序如下：

```
import cv2
import numpy as np


img = cv2.imread("Notation.jpg", 0)
x = cv2.Scharr(img,cv2.CV_16S,1,0)
y = cv2.Scharr(img,cv2.CV_16S,0,1)
ScharrX = cv2.convertScaleAbs(x)
ScharrY = cv2.convertScaleAbs(y)
dst = cv2.addWeighted(ScharrX,0.5,ScharrY,0.5,0)
cv2.imshow("Origin",img)
cv2.imshow("ScharrX", ScharrX)
cv2.imshow("ScharrY", ScharrY)
cv2.imshow("Result", dst)
cv2.waitKey()
```

上述程序的基本框架和 Sobel 算子边缘检测程序的一样，不同的是这里采用 cv2.Scharr() 函数进行边缘检测。

cv2.Scharr() 函数用于计算图像在 x 或 y 方向的差分，其参数与 cv2.Sobel() 函数的基本一样，但因其内核尺寸固定为 3×3，故没有 ksize（核尺寸）这一参数。cv2.Scharr() 函数基本格式如下：

```
dst=cv2.Scharr(src, ddepth, dx, dy, scale, delta, borderType)
```

- 第 1 个参数：NumPy 数组类型的 src，表示要进行处理的原图像。
- 第 2 个参数：int 类型的 ddepth，表示输出图像的深度。
- 第 3 个参数：int 类型的 dx，表示 x 方向的差分阶数。

- 第 4 个参数：int 类型的 dy，表示 y 方向的差分阶数。
- 第 5 个参数：float 类型的 scale，计算导数时可选的缩放因子，默认值是 1，表示默认情况下是无缩放的。
- 第 6 个参数：float 类型的 delta，表示在结果存入目标图像（第 5 个参数 dst）之前可选的 delta 值，默认值为 0。
- 第 7 个参数：int 类型的 borderType，用于推断图像外部像素的某种边界模式，默认值为 cv2.BORDER_DEFAULT。
- 返回值：NumPy 数组类型的 dst，表示输出的处理后的图像，需要和原图像具有相同的尺寸和类型。

4.1.3　Laplacian 算子

Laplacian 算子是 n 维欧几里得空间中的二阶微分算子。前面我们学习了 Sobel 一阶微分算子，它通过对灰度值求一阶微分来获取边缘信息，其原理如图 4-8 所示。

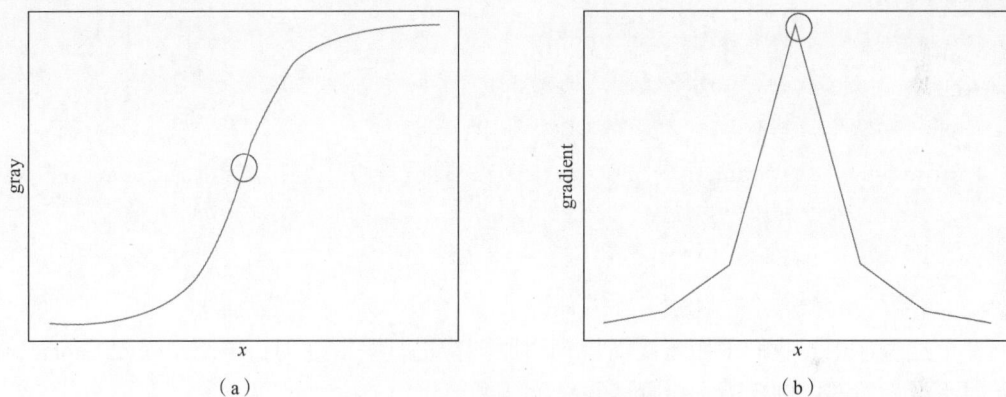

Laplacian 算子

（a）　　　　　　　　　　　　　（b）

图 4-8　Sobel 算子边缘检测原理

对于边缘区域，即灰度值出现阶跃变化的区域，其边缘对应于一阶微分后的极值点。而 Laplacian 二阶微分算子则对图像的梯度进行再次求导，其原理如图 4-9 所示。

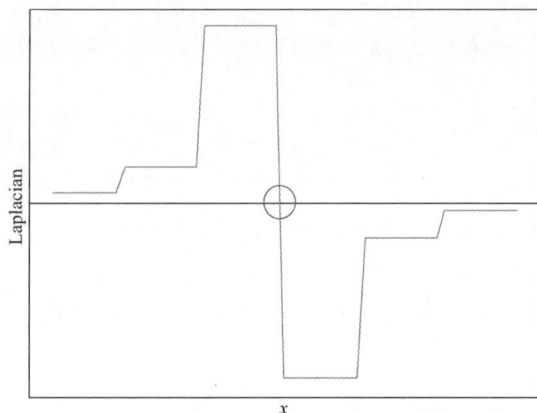

图 4-9　Laplacian 算子边缘检测原理

由图 4-9 可以看出，一阶微分的极值位置，其二阶导数为 0，所以我们可以通过检测二阶导数的零交叉点来检测图像的边缘。但是 Laplacian 算子对噪声敏感，因此在实际应用中，通常会对原图像进行平滑处理后再进行边缘检测。由于 Laplacian 算子使用了图像梯度，故它内部的程序调用了 Sobel 算子。Laplacian 算子边缘检测效果如图 4-10 所示。

图 4-10　Laplacian 算子边缘检测效果

程序如下：

```
import cv2
img = cv2.imread("Notation.jpg", 0)
blur = cv2.GaussianBlur(img,(3,3),0)
laplacian = cv2.Laplacian(blur,cv2.CV_16S)
laplacian = cv2.convertScaleAbs(laplacian)  #将图像数据转为 np.uint8 格式
cv2.imshow("Origin", img)
cv2.imshow("Laplacian", laplacian )
cv2.waitKey()
```

在上述程序中，我们采用了高斯模糊对原图像进行平滑处理，再调用 cv2.Laplacian() 函数对平滑后的图像进行边缘检测，并显示结果。

cv2.Laplacian() 函数用于计算图像经拉普拉斯变换后的结果，其基本格式如下：

```
dst=cv2.Laplacian(src, ddepth, ksize, scale, delta, borderType)
```

- 第 1 个参数：NumPy 数组类型的 src，表示要进行处理的原图像。
- 第 2 个参数：int 类型的 ddepth，表示目标图像的深度。
- 第 3 个参数：int 类型的 ksize，表示计算二阶导数的滤波器的孔径尺寸，取值必须为正奇数，且默认值为 1。
- 第 4 个参数：float 类型的 scale，计算拉普拉斯值的时候可选的比例因子，默认值为 1。
- 第 5 个参数：float 类型的 delta，表示在结果存入目标图像（dst）之前添加到结果中的可选的增量，默认值为 0。
- 第 6 个参数：int 类型的 borderType，用于推断图像外部像素的某种边界模式，默认值为 cv2.BORDER_DEFAULT。
- 返回值：NumPy 数组类型的 dst，表示经过处理后的图像，需要和原图像具有相同的尺寸和模型。

4.1.4　Canny 算子

Canny 边缘检测是一种使用多级边缘检测算法，检测图像中的边缘的方法。它包含多个步骤，具体如下。

（1）消除噪声，一般情况下使用高斯滤波器进行去噪。

（2）计算梯度幅值和方向（参考 Sobel 算子边缘检测步骤）。

（3）非极大值抑制，这一步排除非边缘像素，仅保留一些细线条（候选边缘）。

（4）确定边缘，使用滞后阈值确定最终的边缘信息。Canny 边缘检测所使用的滞后阈值有两个：高阈值和低阈值。若某一像素的幅值超过高阈值，那么该像素会被保留为边缘像素；若某一像素的幅值低于低阈值，则该像素会被排除；若某一像素的幅值在两个阈值之间，那么只有当该像素与高于阈值的像素相连时，才会被保留。滞后阀值如图 4-11 所示，A 像素大于高阀值，保留为边缘像素；B、C 像素的幅值处于高阀值和低阀值之间，而且 B 像素与边缘像素 A 相连，故保留 B 像素，舍弃 C 像素。

图 4-11　滞后阈值

按照 Canny 边缘检测的基本步骤，我们创建一个程序，动态修改滞后阈值，观察不同的滞后阈值对图像边缘提取结果的影响，效果如图 4-12 所示。

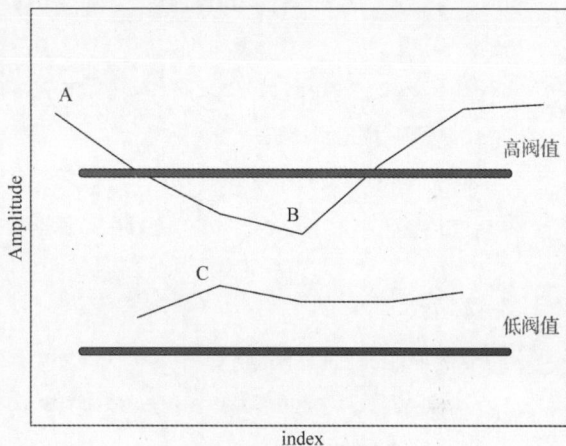

图 4-12　Canny 边缘检测效果

程序如下：

```
import cv2


#回调函数，本例中无须使用，故为空
def onChange(x):
    pass
img = cv2.imread('Canny.jpg',0)
#消除噪声
blur = cv2.GaussianBlur(img,(3,3),0)
#Canny 滞后阈值滑动条
cv2.namedWindow('Canny')
cv2.createTrackbar('threshold', 'Canny', 0, 100, onChange)


while(True):
    #获取第一个滞后阈值
    cannyLowThreshold = cv2.getTrackbarPos('threshold', 'Canny')
    #设置高、低阈值比为 3∶1
    cannyHighThreshold = cannyLowThreshold*3
    edges = cv2.Canny(blur,cannyLowThreshold,cannyHighThreshold)
    cv2.imshow('Canny',edges)
    if cv2.waitKey(1) == 27:
        break
```

在 OpenCV 中，cv2.Canny()函数会将传入的两个阈值中较大的阈值用于控制强边缘的初始检测，而较小的阈值则用于边缘连接。通常建议高、低阈值（滞后阈值）之比在 2∶1 到 3∶1 之间，在上述程序中我们选择的比值为 3∶1。

cv2.Canny()函数用于获取对图像进行 Canny 算子变换后的结果，其基本格式如下：

```
edges=cv2.Canny(image, threshold1, threshold2, apertureSize, L2gradient)
```

- 第 1 个参数：NumPy 数组类型的 image，表示要进行处理的原图像。
- 第 2 个参数：float 类型的 threshold1，表示第 1 个滞后阈值。
- 第 3 个参数：float 类型的 threshold2，表示第 2 个滞后阈值。
- 第 4 个参数：int 类型的 apertureSize，表示引用的 Sobel 算子的孔径尺寸，默认值为 3。
- 第 5 个参数：bool 类型的 L2gradient，表示计算图像梯度幅值，默认值为 False。
- 返回值：NumPy 数组类型的 edges，表示处理后的边缘信息（边缘二值图像），需要和原图像具有相同的尺寸和类型。

4.2 霍夫变换

本节我们将学习 OpenCV 中霍夫变换的相关知识。

在图像识别过程中，从复杂图像中提取有用的特征信息至关重要。在很多需要快速、准确提取出直线和圆的场景下，霍夫变换就是有效的解决方案。

霍夫变换（Hough transform）是图像处理中的一种特征提取技术，本质上是给定一个物体，针对待辨别的形状，算法会在参数空间（parameter space）中执行"投票"，通过累加空间（accumulator space）里的局部最大值（local maximum）来决定物体的形状。

4.2.1 霍夫线变换

霍夫线变换是霍夫变换的一种特定实现，是一种用来寻找图像中直线的算法，因此在应用霍夫线变换之前，需要对图像进行边缘检测处理。

1. 霍夫线变换概述

OpenCV 中支持 2 种霍夫线变换操作，分别是标准霍夫线变换（The Standard Hough Line Transform）和概率霍夫线变换（The Probabilistic Hough Line Transform）。

在 OpenCV 中，cv2.HoughLines()函数用于进行标准霍夫线变换 cv2.HoughLinesP()函数用于进行概率霍夫线变换。概率霍夫线变换作为标准霍夫线变换的优化版本，计算成本更低，所以在实际应用中，通常会选择 cv2.HoughLinesP()函数。

2. 霍夫线变换的原理

（1）在平面上表示直线通常会使用笛卡儿坐标系或极坐标系。

- 笛卡儿坐标系上的直线由横坐标和纵坐标(x, y)表示。
- 极坐标系上的直线通常由极径和极角 (r, θ) 表示。

这两个坐标系之间的关系如图 4-13 所示。

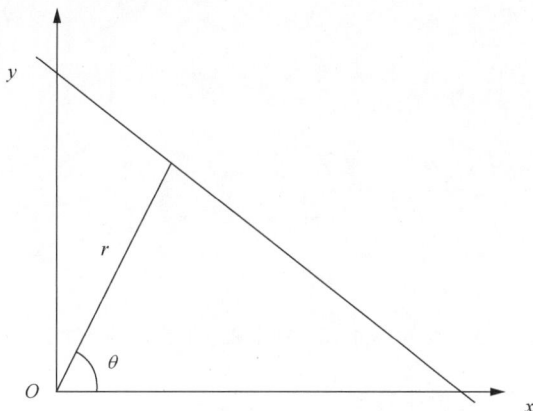

图 4-13　笛卡儿坐标系与极坐标系

（2）对于图像上的一个点 (x_0, y_0)，可以将通过这个点的直线统一定义，如式（4.1）所示：

$$r_0 = x_0 \times \cos\theta + y_0 \times \sin\theta \qquad (4.1)$$

这就意味着每一对 (r_0, θ) 都代表一条通过点 (x_0, y_0) 的直线。

例如，给定 $x_0 = 8$，$y_0 = 6$，就可以在极坐标系下画出所有满足上式的点，如图 4-14 所示。

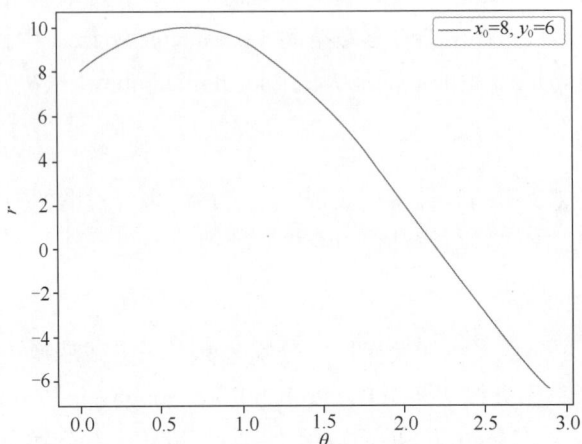

图 4-14　经过点(8,6)的直线的极径、极角

（3）同理，如果对两个或两个以上不同的点进行上述操作，并在极坐标系中相交于一点，则意味着这些点都来自同一条直线。例如，添加 $x_1 = 12$，$y_1 = 3$ 和 $x_2 = 16$，$y_2 = 0$ 这两个点，并绘制其极径、极角图，如图 4-15 所示。

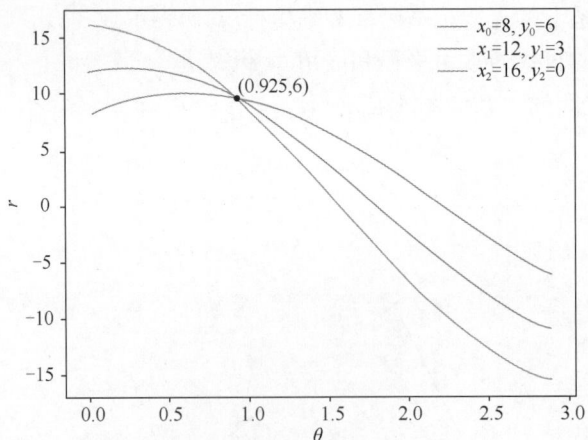

图 4-15　多条曲线相交

这三个点对应的极径、极角在极坐标系中相交于(0.925,6)这个点，我们可以说 (x_0, y_0)、(x_1, y_1) 和 (x_2, y_2) 在平面内构成了一条直线。这 3 个点实际上都位于 $y = -0.75x + 12$ 这条直线上。

（4）对于每一条直线，我们可以通过在平面极坐标系中寻找交于一点的曲线数量来进行检测，曲线数量越多，表示这个交点代表的直线由越多的点组成。极坐标系内的一个点映射为霍夫坐标系（霍夫空间）内的一条线；极坐标系内的一条线映射为霍夫坐标系内的一个点。一般来说，在极坐标系内的一条直线能够通过在霍夫坐标系内相交于一点的线的数量来评估。在霍夫坐标系内，经过一个点的线越多，说明其映射在极坐标系内的直线，是由越多的点所穿过的。因此，我们可以设置阈值，当霍夫坐标系内交于某点的曲线数量达到了阈值，就认为在对应的坐标系内存在一条直线。

3. 概率霍夫线变换

概率霍夫线变换本质上是对边缘二值图像内的所有可能直线进行投票，最终保留投票数大于设定阈值的直线，效果如图 4-16 所示。

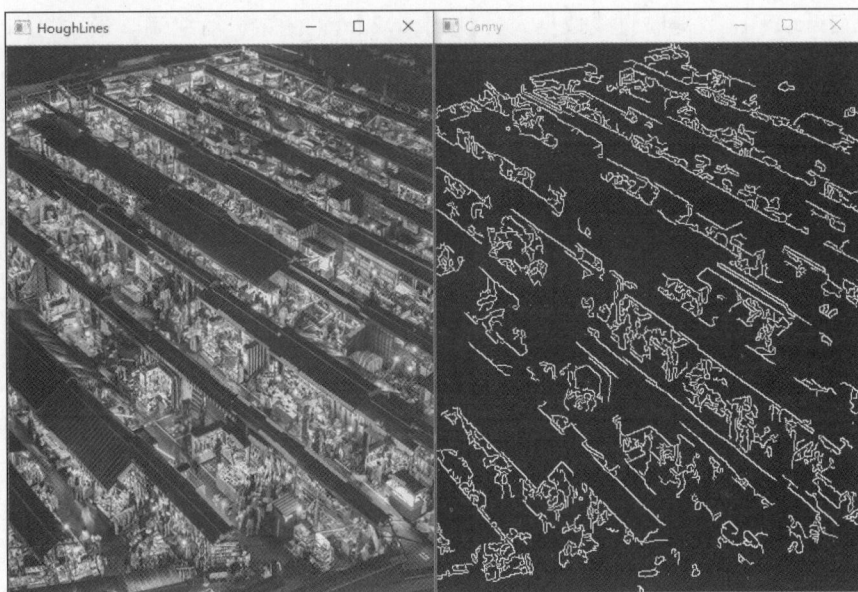

图 4-16　概率霍夫线变换效果

程序如下：

```
import cv2
import numpy as np


img = cv2.imread('AllanSo.jpg')
gray = cv2.cvtColor(img, cv2.COLOR_BGR2GRAY)
#消除噪声
blur = cv2.GaussianBlur(gray,(3,3),0)
#边缘提取
cannyLowThreshold=180
cannyHighThreshold = cannyLowThreshold*3
```

```
    edges = cv2.Canny(blur,cannyLowThreshold,cannyHighThreshold)
    minLineLength = 40
    maxLineGap = 10
    lines = cv2.HoughLinesP(edges,1,np.pi/180,80,minLineLength,maxLineGap)
    for [[x1,y1,x2,y2]] in lines:
        cv2.line(img,(x1,y1),(x2,y2),(0,255,0),2)

    cv2.imshow('Canny',edges)
    cv2.imshow('HoughLines',img)
    cv2.waitKey(0)
```

上述程序首先对原图像进行去噪和边缘检测处理，得到边缘二值图像，然后使用 cv2.HoughLinesP()函数提取直线数据，并使用 cv2.line()函数进行绘制。最后将用于提取直线的边缘二值图像和提取到的直线数据显示出来。

cv2.HoughLinesP()函数用于从输入的边缘二值图像中提取概率霍夫线变换后的直线数据，其基本格式如下：

```
    lines=cv2.HoughLinesP(image,  rho,  theta,  threshold,  minLineLength,
maxLineGap)
```

- 第 1 个参数：NumPy 数组类型的 image，表示要进行直线提取的边缘二值图像。
- 第 2 个参数：float 类型的 rho，以像素为单位的距离精度，表示搜索直线时步进的单位半径。
- 第 3 个参数：float 类型的 theta，以弧度为单位的角度精度，表示直线搜索时步进的单位角度。
- 第 4 个参数：int 类型的 threshold，表示累加平面的阈值，即识别某部分为图中的一条直线时，它在累加平面中必须达到的值，大于阈值的直线才会被返回到结果中。
- 第 5 个参数：float 类型的 minLineLength，表示最小直线长度，小于此值的直线不能被返回到结果中，默认值为 0。
- 第 6 个参数：float 类型的 maxLineGap，表示将同一行点与点连接起来的最大距离，默认值为 0。
- 返回值：NumPy 数组类型的 lines，表示提取到的直线数据集。每一条线由具有 4 个元素的矢量(x_1,y_1,x_2,y_2)表示，其中，(x_1,y_1)和(x_2,y_2)分别表示直线的开始点和结束点。

cv2.line()函数用于在图像上绘制直线，其基本格式如下：

```
    cv2.line(img, pt1, pt2, color, thickness, lineType, shift)
```

- 第 1 个参数，NumPy 数组类型的 img，表示要进行绘制的图像。
- 第 2 个参数：tuple 类型的 pt1，表示绘制直线的开始点坐标。
- 第 3 个参数：tuple 类型的 pt2，表示绘制直线的结束点坐标。
- 第 4 个参数：tuple 类型的 color，表示绘制直线的 BGR 颜色。

- 第 5 个参数：int 类型的 thickness，表示绘制直线的粗细。
- 第 6 个参数：int 类型的 lineType，表示绘制直线的线条类型。
- 第 7 个参数：int 类型的 shift，表示位置的指数偏移，默认值为 0。

4.2.2　霍夫圆变换

霍夫圆变换的基本原理与霍夫线变换的大致相同。不同之处在于，圆需要通过 3 个参数来确定，即圆心位置(x,y)和圆半径r。因此，霍夫线变换在 $r\text{-}\theta$ 二维平面上进行累加判断，而标准霍夫圆变换需要在三维空间中进行累加判断。这导致运算量大幅增加，执行效率极低，这里不展开讲解。

接下来，我们将使用霍夫梯度法进行霍夫圆变换，以替代标准霍夫圆变换。这种方法在运算效率和准确率方面均远高于标准霍夫圆变换。

1. 霍夫梯度法检测

霍夫梯度法检测步骤如下：

（1）对图像进行边缘检测。

（2）对检测出的边缘二值图像，使用 Sobel 算子求一阶导数（即梯度）。

（3）利用得到的梯度，对由斜率确定的直线上的每一个点，都在累加器中进行累加。

（4）标记边缘图中每一个非零像素点的位置。

（5）从累加器中选择峰值点，可给定阈值过滤点。

（6）计算峰值点与每个非零像素点的距离，最大距离被视为可能的圆半径。

通过以上步骤，我们可以得到圆的中心点和半径参数，完成对圆的检测，如图 4-17 所示。

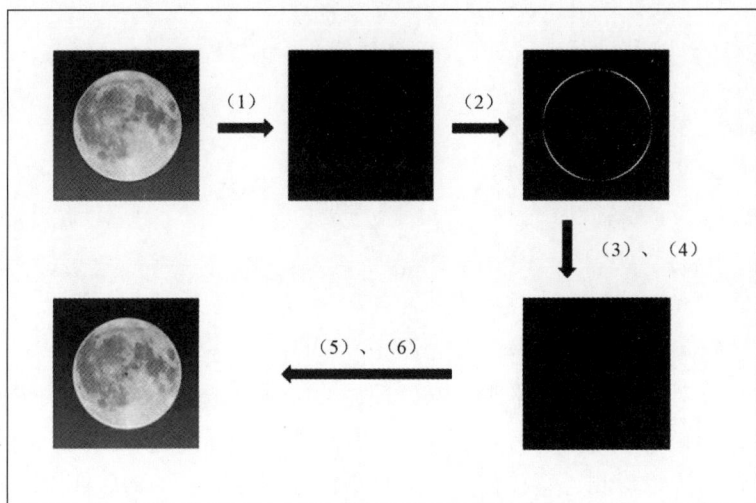

图 4-17　霍夫圆变换（霍夫梯度法）步骤

2. 霍夫梯度法实践

接下来我们使用霍夫圆变换检测图中的圆形碟子。效果如图 4-18 所示。

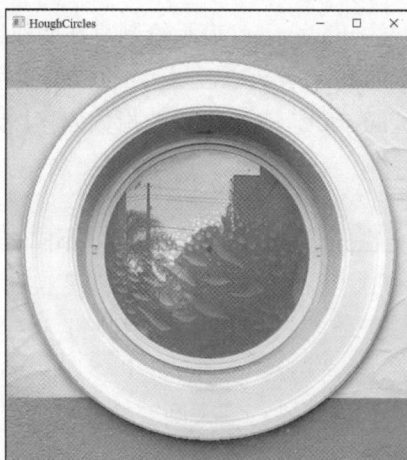

图 4-18　霍夫梯度法检测圆的效果

程序如下：

```
import cv2
import numpy as np
img = cv2.imread('Matheus.jpg')
#平滑处理
gray = cv2.cvtColor(img, cv2.COLOR_BGR2GRAY)
blur = cv2.medianBlur(gray, 5)
#检测圆轮廓并绘制
circles = cv2.HoughCircles(blur,cv2.HOUGH_GRADIENT,1,100,
param1=100,param2=20,minRadius=200,maxRadius=250)
circles = np.uint16(np.around(circles))  #取整数并转型
for i in circles[0,:]:
    #绘制圆
    cv2.circle(img,(i[0],i[1]),i[2],(0,255,0),2)
    cv2.circle(img,(i[0],i[1]),2,(0,0,255),3)


cv2.imshow("HoughCircles", img)
cv2.waitKey()
```

上述程序首先对原图像进行平滑去噪处理，然后调用 cv2.HoughCircles()函数对图像进行圆的检测。cv2.HoughCircles()函数会自动对图像进行 Canny 边缘检测，因此在调用前无须再次对图像进行边缘检测，直接传入预处理后的原图像即可。随后使用 cv2.circle()函数对检测出来的圆数据进行绘制。最后，将绘制的圆显示出来。

cv2.HoughCircles()函数通过霍夫圆变换来提取灰度图像中的圆数据，其基本格式如下：

```
circles=cv2.HoughCircles(image, method, dp, minDist, param1, param2,
minRadius, maxRadius)
```

- 第 1 个参数：NumPy 数组类型的 image，表示要进行圆提取的灰度图像。
- 第 2 个参数：int 类型的 method，表示使用的检测方法，目前使用的方法为 cv2.HOUGH_GRADIENT，即霍夫梯度法。
- 第 3 个参数：float 类型的 dp，表示累加器分辨率与输入图像分辨率的反比。dp=1 时，累加器和输入图像具有相同的分辨率；dp=2，累加器分辨率为输入图像分辨率的二分之一。
- 第 4 个参数：float 类型的 minDist，表示检测到的圆的圆心之间的最小距离，即让算法能明显区分两个不同圆之间的最小距离。该参数设置过小，则多个相邻的圆可能被错误地检测为一个重合的圆。反之，该参数设置过大，某些圆就无法被检测出来。
- 第 5 个参数：float 类型的 param1，它是第 2 个参数 method 设置的检测方法对应的参数，默认值为 100。对于当前使用的方法霍夫梯度法 cv2.HOUGH_GRADIENT，表示传递给 Canny 边缘检测算子的高阈值，低阈值设置为高阈值的二分之一。
- 第 6 个参数：float 类型的 param2，它是第 2 个参数 method 设置的检测方法对应的参数，默认值为 100。对于当前使用的方法霍夫梯度法 cv2.HOUGH_GRADIENT，表示检测阶段圆心累加器的阈值。阈值越小，越可能检测到更多不标准的圆；阀值越大，检测到的圆越标准。
- 第 7 个参数：int 类型的 minRadius，表示圆半径的最小值，默认值为 0。
- 第 8 个参数：int 类型的 maxRadius，表示圆半径的最大值，默认值为 0。
- 返回值：NumPy 数组类型的 circles，表示检测到的圆数据的集合。每个圆包含 3 个浮点数值（x、y 和 radius），分别是圆心位置(x, y)和圆半径 r。

通常，我们可以通过设置最后两个参数 minRadius 和 maxRadius 来控制所要检测的圆的尺寸范围。

cv2.circle()函数用于在图像上绘制圆，其基本格式如下：

```
cv2.circle(img, center, radius, color, thickness, lineType, shift)
```

- 第 1 个参数：NumPy 数组类型的 img，表示要进行圆绘制的图像，需要注意，cv2.circle()函数是在传入图像的基础上进行绘制的。
- 第 2 个参数：tuple 类型的 center，表示绘制的圆的中心位置(x, y)，其中，x、y 为 int 类型。
- 第 3 个参数：int 类型的 radius，表示绘制的圆的半径。
- 第 4 个参数：tuple 类型的 color，表示绘制的圆的 BGR 颜色。
- 第 5 个参数：int 类型的 thickness，表示绘制的圆的线条粗细。
- 第 6 个参数：int 类型的 lineType，表示绘制的圆的线条类型，有默认值。
- 第 7 个参数：int 类型的 shift，表示位置的指数偏移，有默认值。

4.3　直方图

直方图又称为质量分布图，在计算机视觉中用于直观观察图像像素值

直方图

分布。均衡化是针对直方图进行的一种操作，目的在于改善图像的曝光效果，使原本曝光不正常（过曝或者欠曝）的图像，如图 4-19 所示，变换为曝光正常的图像，如图 4-20 所示。

图 4-19　过曝的图像

图 4-20　曝光正常的图像

在直方图的学习中，需要特别注意 3 个概念：dims、ranges、bins。

- dims：表示在绘制直方图时，收集的参数的数量。一般情况下，直方图收集的数据只有 1 种，就是灰度级。因此该值为 1。

- ranges：表示要统计的灰度级范围，一般是 0～255。0 对应的是黑色，255 对应的是白色。

- bins：表示参数子集的数目。在处理数据的过程中，有时需要将众多数据划分为若干个组，再进行分析。

4.3.1　直方图计算

1. 用 OpenCV 的函数计算并绘制直方图

OpenCV 中提供了用于计算图像直方图的 cv2.calcHist()函数，程序如下：

```python
import cv2
import numpy as np


def drawHist(hist):
    minV,maxV,minL,maxL=cv2.minMaxLoc(hist)
    histImg=np.zeros([256,256,3],np.uint8)
    color=(0,0,255)
    for h in range(256):
        normal = int(hist[h]*256/maxV)
        cv2.line(histImg,(h,256),(h,256-normal),color)
    cv2.imshow('hist',histImg)
    cv2.waitKey()


img = cv2.imread('Mario.jpg',0)
```

```
hist = cv2.calcHist([img],[0],None,[256],[0,256])
drawHist(hist)
```

上述程序首先通过读取灰度图像的方式读取图像，并将其传入 cv2.calcHist()函数中计算直方图。得到的直方图数据是一个长度为 256 的数组，每个元素表示像素值在 0～255 的对应数量。在该程序中，我们还编写了 drawHist()函数，该函数首先对直方图数据进行正则化处理，然后绘制出处理后的直方图，效果如图 4-21 所示。

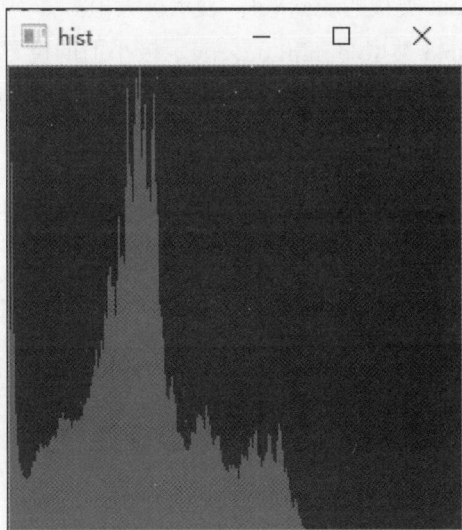

图 4-21　使用 OpenCV 绘制的直方图

cv2.calcHist()函数用于计算图像的直方图，该函数能统计各个灰度级的像素点个数。其基本格式如下：

```
hist=cv2.calcHist(images, channels, mask, histSize, ranges)
```

• 第 1 个参数：list 类型的 images，表示要进行直方图计算的原图像。若需要计算的原图像为 img，则其需要放在列表中，即[img]。

• 第 2 个参数：list 类型的 channels，表示要进行处理的图像通道。如果为灰度图像，则 channels 为[0]；如果为 BGR 图像，则 channels 的[0]、[1]和[2]分别对应蓝色、绿色和红色。

• 第 3 个参数：NumPy 数组类型的 mask，表示图像掩模。当仅需要计算图像中某一部分区域的直方图时，才需要传入遮罩图。计算整体图像的直方图时，该参数设为 None。

• 第 4 个参数：list 类型的 histSize，表示 bins 的值，需要放在方括号中，对于全尺寸，通常设为[256]。

• 第 5 个参数：list 类型的 ranges，表示计算的像素值的范围，通常设为 0～255，表示计算 0～255 的像素值。

• 返回值：NumPy 数组类型的 hist，表示返回的直方图数据，是一个一维数组，数组内的元素是各个灰度级的像素个数。

cv2.minMaxLoc()函数用于寻找输入图像中像素的极大值、极小值及其位置。其基本格式如下：

```
cv2.minMaxLoc(src, mask) -> minVal, maxVal, minLoc, maxLoc
```

- 第 1 个参数：NumPy 数组类型的 src，表示要计算极值的图像。
- 第 2 个参数：NumPy 数组类型的 mask，表示图像掩模。当仅需要计算图像中某一部分的极值时，才需要传入遮罩图。计算整体图像的极值时，该参数设为 None。
- 第 1 个返回值：float 类型的 minVal，表示极小值。
- 第 2 个返回值：float 类型的 maxVal，表示极大值。
- 第 3 个返回值：tuple 类型的 minLoc，表示极小值的位置，类似 (x, y)。
- 第 4 个返回值：tuple 类型的 maxLoc，表示极大值的位置，类似 (x, y)。

2. 用 Matplotlib 的函数绘制直方图

前文介绍了使用 OpenCV 的函数计算并绘制图像直方图的方法，接下来我们使用 Matplotlib 中的函数来绘制图像的直方图，效果如图 4-22 所示。

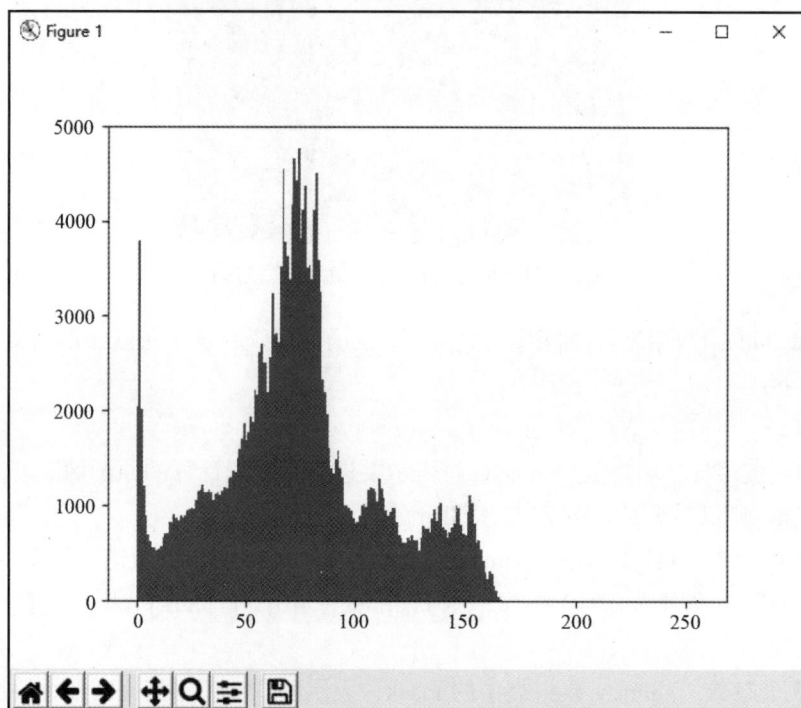

图 4-22　使用 Matplotlib 绘制的直方图

程序如下：

```
import cv2
import matplotlib.pyplot as plt
img = cv2.imread('Mario.jpg',0)
plt.hist(img.flatten(),256,[0,256], color = 'r')
plt.show()
```

上述程序通过 flatten()函数将数组的维数转化为一维，并调用 hist()函数绘制直方图。上述程序仅用 5 行程序就完成了直方图的绘制，可以看出 Matplotlib 对于数据的处理是非常高效的。

hist()函数用于绘制数据的直方图，其基本格式如下：

```
hist(x, bins)
```

- 第 1 个参数：一个 NumPy 数组类型或 list 类型的 x，表示要进行计算极值的图像。必须是一维的。图像通常是二维的，需要使用 ravel()函数将图像处理为一维数据源以后，再作为参数使用。

- 第 2 个参数：int 类型的 bins，表示灰度级的分组情况。

show()函数用于对绘制的图像进行显示，直接调用即可。

4.3.2　直方图均衡化

在 4.3.1 节中，我们讲解了直方图的计算与绘制方法，而直方图均衡化则是一种对计算出来的直方图数据进行拉伸与平衡的算法。接下来，我们将对欠曝的图像进行直方图均衡化，使其像素值分布更为均衡。

图 4-23 所示为欠曝图像及其直方图，可以看到，图中的像素点主要分布在低像素值区域，导致图像显得"过暗"，即欠曝。接下来，我们采用直方图均衡化的方法对这幅图像进行处理，效果如图 4-24 所示。

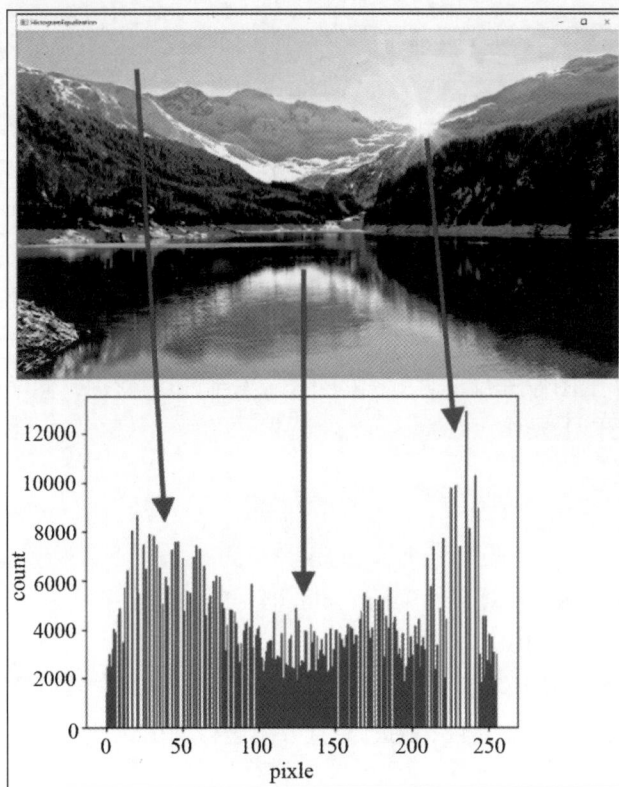

图 4-23　欠曝图像及其直方图

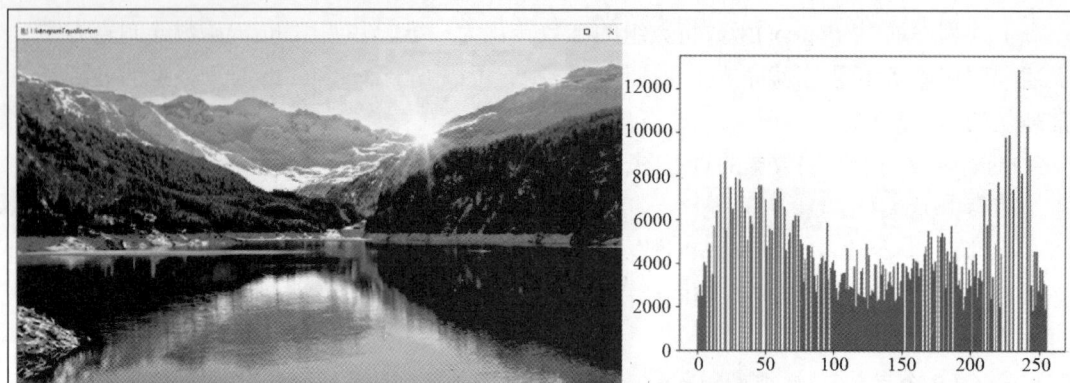

图 4-24　直方图均衡化处理效果及其直方图

从图 4-24 可以看到，经过均衡化处理后，直方图的像素值分布更加均衡，但是较亮的区域出现了一定程度的损耗，图像中天空与高楼的边缘处出现了明显的块状分界。

程序如下：

```python
import cv2
from matplotlib import pyplot as plt
img = cv2.imread('Lake_Overexposed.jpg',0)
equ = cv2.equalizeHist(img)
cv2.imshow('HistogramEqualization',equ)
plt.hist(equ.flatten(),256,[0,256], color = 'r')
plt.show()
```

上述程序中，对图像进行直方图均衡化，并将处理后的图像及其直方图显示出来。cv2.equalizeHist()函数用于对图像进行直方图均衡化，其基本格式如下：

```python
dst=cv2. equalizeHist(src)
```

- 参数：NumPy 数组类型的 src，表示要进行直方图均衡化的图像。
- 返回值：NumPy 数组类型的 dst，表示经过处理后的图像，需要和原图像具有相同的尺寸和类型。

以上我们只对灰度图像进行了直方图的计算、绘制和均衡化，同学们可以思考一下，如何对彩色图像进行以上操作。

4.4　小结

边缘检测方法包括 Sobel 算子、Scharr 滤波器、Laplacian 算子和 Canny 算子。这些方法可以让计算机"发现"图像中的物体。

霍夫变换分为霍夫线变换和霍夫圆变换，它们可以让计算机"找到"图像中的直线和圆。

直方图是图像的一个重要属性，通过对直方图进行均衡化处理，可得到像素值分布更为均衡的图像。

习题

1. 现在需要对图像 img 应用 Sobel 算子进行边缘检测，应使用的函数是（　　　）。
   A. cv2.Sobel()
   B. cv2.SobelEdgeDetection()
   C. cv2.SobelFilter()
   D. cv2.EdgeDetection()

2. 现在需要对图像 img 应用 Scharr 滤波器进行边缘检测，应使用的函数是（　　　）。
   A. cv2.Scharr()
   B. cv2.Sobel()
   C. cv2.Laplacian()
   D. cv2.ScharrFilter()

3. 现在需要对图像 img 应用 Laplacian 算子进行边缘检测，应使用的函数是（　　　）。
   A. cv2.Sobel()
   B. cv2.Laplacian()
   C. cv2.LaplacianFilter()
   D. cv2.Scharr()

4. 现在需要对图像 img 应用 Canny 算子进行边缘检测，应使用的函数是（　　　）。
   A. cv2.Canny()
   B. cv2.CannyFilter ()
   C. cv2.CannyDetection()
   D. cv2.getTrackbarPos()

5. cv2.HoughLinesP()是（　　　）函数。
   A. 霍夫线变换
   B. 霍夫圆变换

6. 在 OpenCV 中，cv2.calcHist()函数用于＿＿＿＿＿＿＿，cv2.equalizeHist()函数用于＿＿＿＿＿＿。

7. 使用 cv2.Canny()函数对图像 DavidL.jpg 进行处理，通过调整 threshold1、threshold2 进行参数实验，并说明它们是如何影响边缘检测效果的。
   （1）threshold1 = 0, threshold2 = 50 时，效果怎么样？
   （2）threshold1 = 50, threshold2 = 100 时，效果怎么样？
   （3）threshold1 = 100, threshold2 = 150 时，效果怎么样？
   （4）threshold1 = 150, threshold2 = 200 时，效果怎么样？
   （5）threshold1 = 200, threshold2 = 250 时，效果怎么样？

8. 读取 Car.jpg 图像，分别应用霍夫线交换与霍夫圆交换，观察图像发生的变化。

第 5 章　图像轮廓检测

学习目标

- 掌握图像轮廓的检测和绘制方法。
- 掌握查找凸包的方法。
- 掌握多边形轮廓逼近方法。

图像的轮廓是指构成图形或物体的边缘线条，即物体的形。本章将详细介绍图像轮廓的检测和绘制方法、查找凸包的方法，以及多边形轮廓逼近方法，最后使用图像轮廓进行图像匹配。

轮廓检测

5.1　轮廓检测

轮廓是指构成物体边缘、连续的点所连接而成的曲线。这些点具有相近的颜色或者灰度值。轮廓在形状分析和物体检测中起到重要作用。通过轮廓检测，我们可以获取物体的边界，从而在图像中对物体进行准确定位。

5.1.1　二值图像转换

轮廓检测是指忽略背景、目标内部纹理以及噪声干扰影响，对目标轮廓进行提取的过程。因此，轮廓检测的对象通常是图像的二值图像，如图 5-1 所示。

（a）原图像　　　　　　　　　　　　　　　（b）二值图像

图 5-1　二值图像

将图像转换为二值图像的程序如下：

```
import cv2
```

```
img = cv2.imread('Pixabay.jpg')
imgray = cv2.cvtColor(img,cv2.COLOR_BGR2GRAY)
_, thresh = cv2.threshold(imgray,127,255,cv2.THRESH_BINARY)
cv2.imshow('threshold',thresh)
cv2.waitKey()
```

cv2.threshold()函数用于对灰度图像进行二值化处理，其基本格式如下：

```
cv2.threshold(src, thresh, maxVal, type) -> retval, dst
```

- 第 1 个参数：NumPy 数组类型的 src，表示要进行二值化处理的灰度图像。
- 第 2 个参数：float 类型的 thresh，表示要进行比较的阈值。
- 第 3 个参数：float 类型的 maxVal，表示最大值。
- 第 4 个参数：int 类型的 type，表示阈值对比类型，具体参数如表 5-1 所示。

表 5-1　type 常用参数

常用参数	含义
cv2.THRESH_BINARY	超过阈值的像素设置为 maxVal，否则设置为 0
cv2.THRESH_BINARY_INV	不超过阈值的像素设置为 maxVal，否则设置为 0
cv2.THRESH_TOZERO	低于阈值的像素设置为 0
cv2.THRESH_TOZERO_INV	低于阈值的像素设置为 maxVal
cv2.THRESH_TRUNC	超过阈值的像素设置为 threshold

- 第 1 个返回值：float 类型的 retval，表示返回的阈值。
- 第 2 个返回值：NumPy 数组类型的 dst，表示输出的二值图像，需要和原图像具有相同的尺寸和类型。

5.1.2　轮廓匹配

轮廓匹配可以让我们得到图形的基础特征，利用这些特征可以构建一个简单的图形识别程序。接下来，我们通过轮廓匹配来实现音符查找的功能。

要查找的音符如图 5-2 所示，我们需要在杂乱无章的音符中找到它，如图 5-3 所示。

图 5-2　要查找的音符

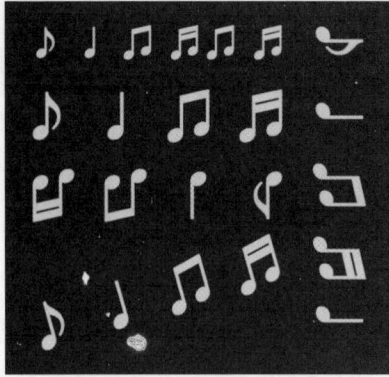

图 5-3　杂乱无章的音符

在图 5-3 所示音符中，要查找的音符经过了旋转、放大和缩小等多种变换。然而，通过轮廓匹配的方式，我们仍然能够成功找到它，如图 5-4 所示。

图 5-4　音符匹配

我们使用青色标注匹配到的音符，使用红色标注未匹配到的音符。

程序如下：

```python
import cv2


notation_image = cv2.imread('notation.jpg', cv2.IMREAD_COLOR)
notation_map_image = cv2.imread('notationMap.jpg', cv2.IMREAD_COLOR)
notation_gray = cv2.cvtColor(notation_image,cv2.COLOR_BGR2GRAY)
notation_map_gray = cv2.cvtColor(notation_map_image,cv2.COLOR_BGR2GRAY)
_, notation_threshold = cv2.threshold(notation_gray,130,255,cv2.THRESH_
BINARY)
_, notation_map_threshold = cv2.threshold(notation_map_gray,130,255,cv2.
THRESH_BINARY)
notation_contours, _ = cv2.findContours(notation_threshold, cv2.RETR_
EXTERNAL, cv2.CHAIN_APPROX_SIMPLE)
```

```
notation_map_contours, _ = cv2.findContours(notation_map_threshold, cv2.
RETR_EXTERNAL, cv2.CHAIN_APPROX_SIMPLE)
    #设定轮廓匹配阈值
    thres = 2.0
    for i in range(len(notation_map_contours)):
        retval = cv2.matchShapes(notation_contours[0],notation_map_contours[i],
cv2.CONTOURS_MATCH_I3,0.0)
        #匹配轮廓
        if retval < thres:
            print("index:%d retval:%f is matched"%(i,retval))
            cv2.drawContours(notation_map_image, notation_map_contours, i,
(255,255,0), 2)
        #未匹配轮廓
        else:
            print("index:%d retval:%f is not matched"%(i,retval))
            cv2.drawContours(notation_map_image, notation_map_contours, i,
(0,0,255), 2)
    cv2.imshow('matched',notation_map_image)
    cv2.waitKey()
```

上述程序使用 cv2.matchShapes()函数对传入的目标图像轮廓与待匹配图像轮廓进行比较，得到一个比较值，该值越小表示两个轮廓越相似。我们设定轮廓匹配的阈值为2.0，若比较值小于此阈值，则判定两个轮廓匹配成功。将匹配过程中的参数输出到控制台，如图 5-5 所示。我们可以根据参数差异来调整阈值大小，以达到最佳匹配效果。

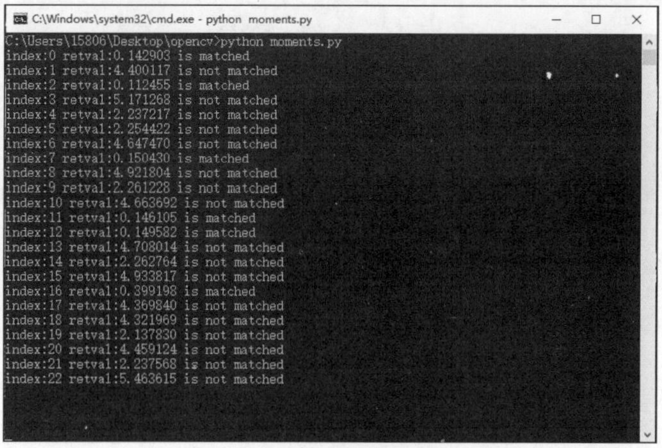

图 5-5　轮廓匹配值

cv2.matchShapes()函数用于计算两个目标轮廓的差异值，其基本格式如下：

```
cv2.matchShapes(contour1, contour2, method, parameter) -> retval
```

- 第 1 个参数：NumPy 数组类型的 contour1，表示对比的目标轮廓点集 1。
- 第 2 个参数：NumPy 数组类型的 contour2，表示对比的目标轮廓点集 2。
- 第 3 个参数：int 类型的 method，表示轮廓的比较方式，分为 3 种：cv2.CONTOURS_MATCH_I1，cv2.CONTOURS_MATCH_I2，cv2.CONTOURS_MATCH_I3。这 3 种方式都用于对轮廓的 Hu 不变矩进行差异运算，Hu 不变矩可以理解为轮廓的基本属性，其具有平移、旋转和尺度不变性的图像特征。
- 第 4 个参数：float 类型的 parameter，这是一个可选参数，目前没有被使用，通常设置为 0。
- 返回值：float 类型的 retval，表示两个轮廓的差异值。

5.1.3 二值图像轮廓检测

在 5.1.2 节中，我们使用轮廓匹配函数获取到图像轮廓的二值图像，接下来，我们将对二值图像进行轮廓检测。轮廓检测本质上是寻找二值图像中由点集组合成的轮廓曲线。轮廓绘制效果如图 5-6 所示。

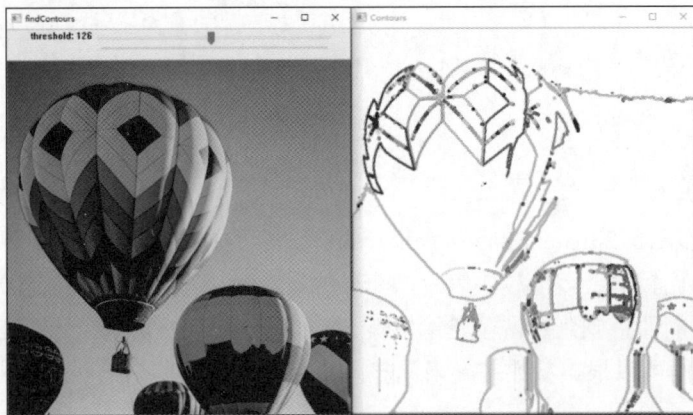

图 5-6 轮廓绘制效果

程序如下：

```python
import cv2
import numpy as np
import random


#本例中无须使用回调函数，故回调函数为空
def onChange(x):
    pass


img = cv2.imread('BrettSayles.jpg',cv2.IMREAD_COLOR)
gray = cv2.cvtColor(img,cv2.COLOR_BGR2GRAY)
blur = cv2.GaussianBlur(gray,(3,3),0)
```

```
cv2.namedWindow('findContours')
cv2.createTrackbar('threshold', 'findContours', 20, 255, onChange)
while(True):
    black = 255*np.ones(dtype = np.uint8,shape = img.shape)
    thres = cv2.getTrackbarPos('threshold', 'findContours')
    _, edges = cv2.threshold(gray,thres,255,cv2.THRESH_BINARY)
    #轮廓检测
    contours, _ = cv2.findContours(edges,cv2.RETR_TREE,cv2.CHAIN_APPROX_
SIMPLE)#加上 image 时只适用于 3.x 版本
    for i in range(len(contours)):
        color = (random.randint(0,255),random.randint(0,255),random.randint
(0,255))
        cv2.drawContours(black, contours, i, color, 2)
    #绘制轮廓
    cv2.imshow('findContours',img)
    cv2.imshow('Contours',black)
    if cv2.waitKey(100) == 27:
        break
```

上述程序实现了对传入的二值图像的轮廓检测和绘制。检测到轮廓后，通过循环，为每个轮廓随机生成颜色并将其绘制出来。该程序中引入了新函数 cv2.findContours() 和 cv2.drawContours()，分别用于轮廓检测和绘制。

cv2.findContours() 函数用于检测二值图像的轮廓。输入一幅二值图像，输出两个结果：包含轮廓（点集组成的曲线）信息的列表和包含图像拓扑（轮廓之间的关系）信息的向量。

```
cv2.findContours(image, mode, method, offset) -> image,contours, hierarchy
```

- 第 1 个参数：NumPy 数组类型的 image，表示要进行轮廓检测的原图像。图像的非零像素被视为 1，0 像素值被保留为 0，所以图像为二值图像。我们可以使用 cv2.threshold() 和 cv2.Canny() 等函数将灰度图像或彩色图像转为二值图像。
- 第 2 个参数：int 类型的 mode，表示轮廓检索模式，具体参数如表 5-2 所示。

表 5-2　mode 常用参数

常用参数	含义
cv2.RETR_EXTERNAL	表示只检测最外层轮廓，即对最后层轮廓 hierarchy[i] 设置 hierarchy[i][2]=hierarchy[i][3]=-1
cv2.RETR_LIST	建立列表以存放所有轮廓。检测的轮廓不建立等级关系
cv2.RETR_CCOMP	提取所有轮廓，将其组成双层结构，其顶层为所有图像轮廓的外层边界，次层则为所有图像轮廓的孔的边界
cv2.RETR_TREE	提取所有轮廓并建立嵌套轮廓的完整层次

- 第 3 个参数：int 类型的 method，表示轮廓近似方法，具体参数如表 5-3 所示。

表 5-3 method 常用参数

常用参数	含义
cv2.CHAIN_APPROX_NONE	获取每个轮廓的每个像素，相邻两个点的像素位置差不超过 1，即 max(abs(x1-x2),abs(y2-y1))==1
cv2.CHAIN_APPROX_SIMPLE	压缩水平方向、垂直方向和对角线方向的元素，只保留该方向的重点坐标，如一个矩形仅需要 4 个点来保存轮廓信息
CHAIN_APPROX_TC89_L1，CHAIN_APPROX_TC89_KCOS	使用 Teh-Chinchain 近似算法

- 第 4 个参数，tuple 类型的 offset，表示可选的轮廓偏移参数，即传入(*x,y*)表示横坐标偏移 *x* 个像素，纵坐标偏移 *y* 个像素。默认值为 None，表示不偏移。
- 第 1 个返回值：NumPy 数组类型的 image，表示进行轮廓检测的原图像。
- 第 2 个返回值：list 类型的 contours，表示检测到的轮廓列表。
- 第 3 个返回值：NumPy 数组类型的 hierarchy，表示可选的输出向量，包含图像的拓扑信息。其作为轮廓信息的表示，包含许多元素。每个轮廓 contours[i]包含 4 个 hierarchy 元素（hierarchy[i][0]～hierarch[i][3]），分别表示后一个轮廓、前一个轮廓、内嵌轮廓和父轮廓的索引编号。根据第 2 个参数（轮廓检索模式）的设置可能存在无父轮廓或内嵌轮廓的情况，则对应轮廓 hierarchy[i][j]的值为-1。

如图 5-7 所示，对原图像进行轮廓检测后得到了 4 个轮廓，分别用 A、B、C、D 来表示。在轮廓检测中，我们通常称外围轮廓 A 为图像的外层边界，而位于轮廓 A 内部的 B、C、D，我们称之为图像的孔边界。

原图像

轮廓检测后

图 5-7 对原图像进行轮廓检测（1）

接下来讲解不同轮廓检索模式下的轮廓间关系。如图 5-8 所示，我们对原图像进行轮廓检测后，得到了 5 个轮廓，外层边界为 C1、C2，孔边界为 H1、H2、H3。不同轮廓检索模式下，轮廓间关系如图 5-9 所示。

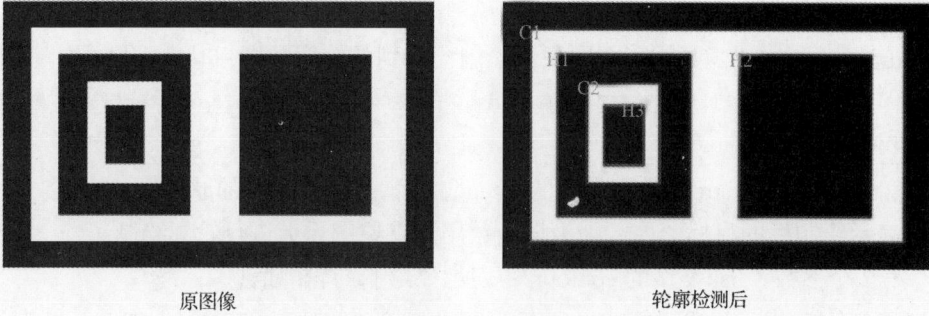

原图像   轮廓检测后

图 5-8 对原图像进行轮廓检测（2）

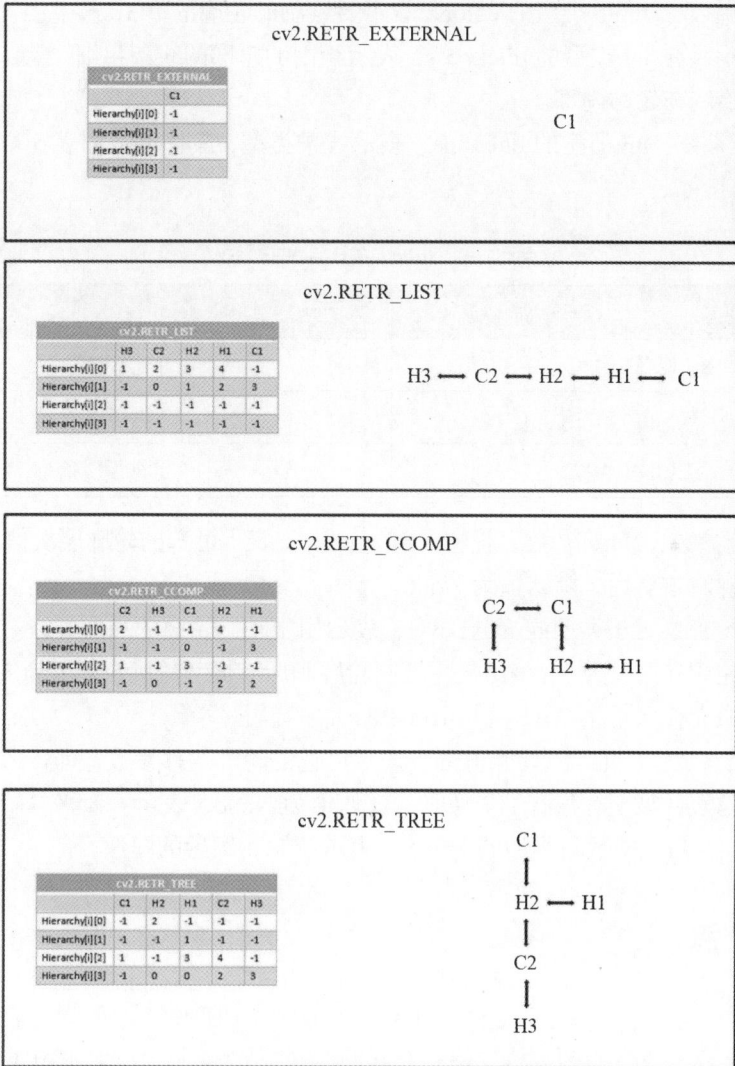

图 5-9 不同轮廓检索模式下轮廓间关系

图 5-9 中，左侧为存放了不同检索模式下的 hierarchy 向量列表（拓扑信息），右侧为对应的拓扑关系图。例如，cv2.RETR_EXTERNAL 模式下只返回最外层轮廓，故其拓扑信息

和拓扑图只有最外层 C1 的。

cv2.drawContours() 函数用于在图像上绘制检测到的轮廓数据，其基本格式如下：

```
cv2.drawContours(image, contours, contourIdx, color, thickness, lineType,
hierarchy, maxLevel, offset) -> image
```

- 第 1 个参数：NumPy 数组类型的 image，表示要进行绘制的原图像，在函数执行后，image 也表示绘制后的目标图像，因为该函数用于在原图像上进行轮廓绘制。
- 第 2 个参数：list 类型的 contours，表示要绘制的轮廓信息。
- 第 3 个参数：int 类型的 contourIdx，表示要绘制的轮廓的索引。如果其值为负数，则表示绘制所有轮廓。
- 第 4 个参数：tuple 类型的 color，表示要绘制的轮廓的 BGR 颜色。
- 第 5 个参数：int 类型的 thickness，表示绘制的轮廓的线条粗细，默认值为 1。如果值为负数，则绘制在轮廓内部。
- 第 6 个参数：int 类型的 lineType，表示线条类型，具体参数如表 5-4 所示，默认值为 8。

表 5-4　lineType 常用参数

常用参数	含义
8（默认值）	8 连接线条
4	4 连接线条
cv2.LINE_AA	抗锯齿线条

- 第 7 个参数：NumPy 数组类型的 hierarchy，表示可选的轮廓层次信息，只有在绘制所需要的轮廓时才有用，默认值为 None。
- 第 8 个参数：int 类型的 maxLevel，表示用于绘制轮廓的最大等级。如果为 0，则只绘制指定的轮廓；如果为 1，该函数将绘制轮廓和所有嵌套轮廓；如果为 2，则绘制所有轮廓。此参数只有传入了第 7 个参数 hierarchy 时才有用。
- 第 9 个参数：tuple 类型的 offset，表示可选的轮廓偏移参数，即传入(x,y)，表示横坐标偏移 x 个像素，纵坐标偏移 y 个像素。默认值为 None，表示不偏移。
- 返回值：NumPy 数组类型的 image，表示绘制轮廓后的图像。

5.2　凸包

凸包（convex hull）是计算几何（图形学）中的常见概念。对于给定二维空间的点集，凸包是指将最外层的点连接起来所构成的凸多边形，它可以完全包围点集中的所有点。理解物体形状或轮廓的一种方法便是计算物体的凸包及其凸缺陷（convexity defects）。凸缺陷是通过凸包与原始轮廓之间的差异计算得出的，可以反映物体形状的复杂特性。

凸包

图 5-10 展示了凸包与凸缺陷之间的关系。图中左侧为星形原图像，我们对其进行轮廓检测和凸包检测后得到右侧图像。右侧图像的外围五边形轮廓就是星形的凸包，而凸包与星形轮廓之间围成的 A 至 E 区域，是凸包的各个凸缺陷。

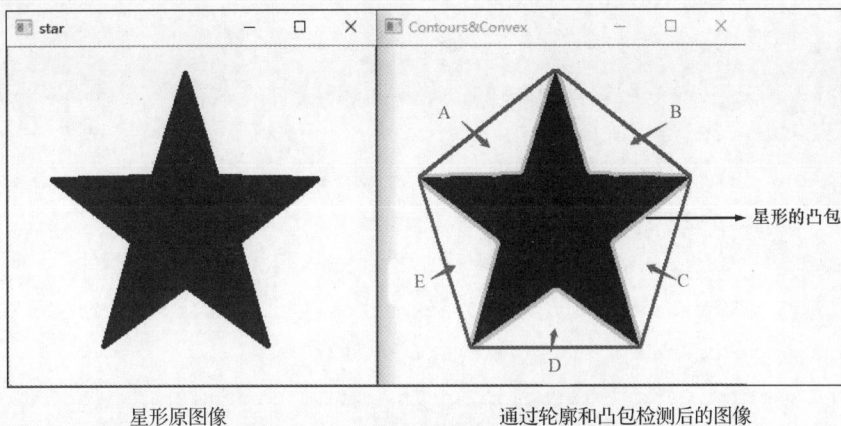

星形原图像　　　　　　　　　　通过轮廓和凸包检测后的图像

图 5-10　凸包与凸缺陷之间的关系

接下来，我们通过一个实际物体的凸包检测示例来学习如何进行凸包检测，效果如图 5-11 所示。

物体原图　　　　　　　　　　凸包检测后的图像

图 5-11　凸包检测效果

程序如下：

```
import cv2
import numpy as np
import random
```

```
#回调函数，本例中无须使用，故为空
def onChange(x):
    pass
img = cv2.imread('StanislavKondratiev.jpg')
img_gray = cv2.cvtColor(img,cv2.COLOR_BGR2GRAY)
blur = cv2.GaussianBlur(img_gray,(3,3),0)
cv2.namedWindow('findConvex')
cv2.createTrackbar('threshold', 'findConvex', 180, 300, onChange)
while(True):
    black = 255*np.ones(dtype = np.uint8,shape = img.shape)
    cannyLowThreshold = cv2.getTrackbarPos('threshold', 'findConvex')
    cannyHighThreshold = cannyLowThreshold*3
    edges = cv2.Canny(blur,cannyLowThreshold,cannyHighThreshold)
    #轮廓检测
    contours, _ = cv2.findContours(edges,cv2.RETR_TREE,cv2.CHAIN_APPROX_
SIMPLE)
    hull = []
    #凸包检测
    for i in range(len(contours)):
        hull.append(cv2.convexHull(contours[i]))
    for i in range(len(contours)):
        cv2.drawContours(black, hull, i, (255,255,10), 2)
    #绘制轮廓
    cv2.imshow('findConvex',img)
    cv2.imshow('Convex',black)
    if cv2.waitKey(1000) == 27:
        break
```

上述程序中引入了 cv2.convexHull()函数进行凸包运算，可以看到，该函数的输入是轮廓检测的结果。

cv2.convexHull()函数用于进行输入轮廓的凸包运算，其基本格式如下：

```
hull=cv2.convexHull(points, clockwise, returnPoints)
```

- 第 1 个参数：NumPy 数组类型的 points，表示传入的轮廓点集。
- 第 2 个参数：bool 类型的 clockwise，控制方向的标识符。标识符为 True 时，输出的凸包为顺时针，否则为逆时针。并且假定坐标系为 x 轴向右，y 轴向上。
- 第 3 个参数：bool 类型的 returnPoints，表示第二个参数的输出类型。默认值为 True，即返回凸包各点坐标；设置为 False 时，则返回凸包各点的索引。
- 返回值：NumPy 数组类型的 hull，表示返回的凸包数据，表示对应轮廓的凸包点位

置,即(x,y)坐标或凸包的索引 index(传入点集的索引),取决于第四个
参数。

多边形轮廓

5.3 多边形轮廓

前面我们学习了如何检测图像的轮廓和凸包。在实际应用中,我们通常不会直接使用
检测到的轮廓进行图形表示,而是绘制一个多边形来近似表示。这样做可以最大限度地保
留轮廓特征,同时减少轮廓顶点数量。这时我们就需要对提取到的轮廓进行多边形逼近,
如图 5-12 所示。

原图像 轮廓检测 多边形逼近

图 5-12 多边形逼近效果

从图 5-12 可以看出,原图像检测到的轮廓经过多边形逼近后,其顶点数量从 1293 减
少到了 34,但依旧可以很好地展示其轮廓特征。我们使用两个矩形和一个圆将轮廓标注出
来。这 3 种图形标注方式是对轮廓 ROI 进行标注的基本方法,分别是对目标轮廓检测最小
包围的可旋转矩形、最小包围的矩形和最小包围的圆。

接下来我们完成对图像的多边形轮廓检测,并采用 3 种方式对其进行 ROI 标注,效果
如图 5-13 所示。

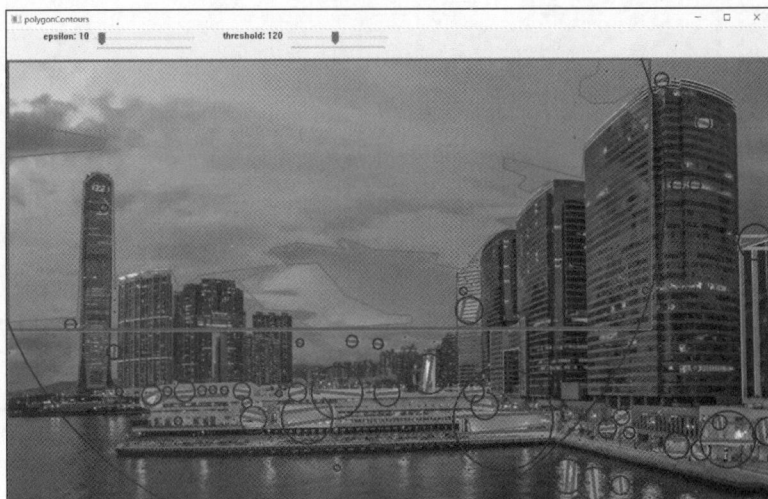

图 5-13 多边形轮廓检测效果

程序如下：

```
import cv2
import numpy as np
import random
#回调函数，本例中无须使用，故为空
def onChange(x):
    pass


img = cv2.imread("PixabayBuilding.jpg", cv2.IMREAD_COLOR)
gray = cv2.cvtColor(img,cv2.COLOR_BGR2GRAY)
blur = cv2.GaussianBlur(gray,(15,15),0)
cv2.namedWindow('polygonContours')
cv2.createTrackbar('epsilon', 'polygonContours', 10, 200, onChange)
cv2.createTrackbar('threshold', 'polygonContours', 120, 255, onChange)


while(True):
    epsilon = cv2.getTrackbarPos('epsilon', 'polygonContours')
    thres = cv2.getTrackbarPos('threshold', 'polygonContours')
    _, thresh = cv2.threshold(blur, thres, 255, cv2.THRESH_BINARY)
    contours, hier = cv2.findContours(thresh, cv2.RETR_EXTERNAL, cv2.CHAIN_
APPROX_SIMPLE)
    frame = img.copy()
    for c in contours:
        #对轮廓进行多边形逼近
        approx = cv2.approxPolyDP(c,epsilon,True)
        cv2.drawContours(frame, [approx], -1, (255, 0, 255), 2)
        #检测图形边界并绘制
        x,y,w,h = cv2.boundingRect(approx)
        cv2.rectangle(frame, (x,y), (x+w, y+h), (0, 255, 0), 3)
        #检测最小封闭区间（矩形）并绘制
        rect = cv2.minAreaRect(approx)
        box = cv2.boxPoints(rect)
        box = np.int0(box)
        cv2.drawContours(frame, [box], 0, (0, 0, 255), 3)
        #检测最小封闭区间（圆）并绘制
        (x,y),radius = cv2.minEnclosingCircle(approx)
        center = (int(x),int(y))
```

```
    radius = int(radius)
    cv2.circle(frame,center,radius,(255,0,0),2)


#绘制轮廓
cv2.imshow('polygonContours',frame)
if cv2.waitKey(100) == 27:
    break
```

在上述程序中，我们对输入图像进行去噪和二值化处理后，才可以对其进行轮廓检测。接着，我们对检测到的每个轮廓进行多边形逼近，通过调整参数 epsilon 可以控制多边形逼近的精度。最后，为每个检测到的多边形创建包围的矩形和圆形边界框。

cv2.approxPolyDP()函数用于计算目标轮廓的多边形轮廓，其基本格式如下：

```
approxCurve=cv2.approxPolyDP(curve, epsilon, closed)
```

- 第 1 个参数：NumPy 数组类型的 curve，表示传入的轮廓点集。
- 第 2 个参数：float 类型的 epsilon，表示多边形轮廓检测的精度，即原始曲线与其近似值之间的最大值。
- 第 3 个参数：bool 类型的 closed，表示近似曲线是否为封闭曲线。
- 返回值：NumPy 数组类型的 approxCurve，表示得到的近似多边形轮廓的点集。

cv2.boundingRect()函数用于计算目标轮廓的最小包围的矩形边界，其基本格式如下：

```
cv2.boundingRect(array) -> retval
```

- 参数：NumPy 数组类型的 array，表示传入的轮廓点集。
- 返回值：tuple 类型的 retval，表示得到的矩形边界(x,y,w,h)，分别为矩形的左上角顶点坐标(x,y)以及宽(w)和高(h)。

cv2.minEnclosingCircle()函数用于计算目标轮廓的最小包围的圆的边界，其基本格式如下：

```
cv2.minEnclosingCircle(points) -> center, radius
```

- 参数：NumPy 数组类型的 points，表示传入的轮廓点集。
- 第 1 个返回值：tuple 类型的 center，表示得到的圆边界的中心点坐标(x,y)。
- 第 2 个返回值：float 类型的 radius，表示得到的圆边界的半径。

cv2.minAreaRect()函数用于计算目标轮廓的最小包围的可旋转矩形边界，其基本格式如下：

```
cv2.minAreaRect(points) -> retval
```

- 参数：NumPy 数组类型的 points，表示传入的轮廓点集。
- 返回值：tuple 类型的 retval，表示得到的旋转矩形的边界$[(x,y),(w,h),angle]$，分别为矩形的中心点坐标(x,y)，矩形的宽高(w,h)以及矩形的旋转角度$(angle)$。

cv2.boxPoints()函数用于将旋转矩形的参数转换为轮廓点集，其基本格式如下：

```
cv2.boxPoints(box) -> points
```

- 参数：tuple 类型的 box，表示传入的旋转矩形的边界。

- 返回值：NumPy 数组类型的 points，表示得到的旋转矩形边界的轮廓点集。

使用 cv2.minAreaRect()函数和 cv2.boxPoints()函数检测并绘制最小包围的旋转矩形的过程如图 5-14 所示。

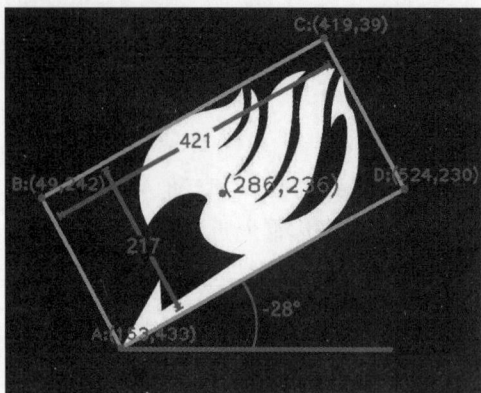

图 5-14　绘制最小包围的旋转矩形的过程截图

从图 5-14 可以看到，通过 cv2.minAreaRect()函数得到面积最小的可旋转矩形的参数为 [(x,y),(w,h),angle]，分别表示中心点坐标(x,y)、宽高(w,h)及旋转角度(angle)，对应图中的数据为[(286,236),(421,217),-28]。对于这个旋转矩形的参数，通过 cv2.boxPoints()函数将其转换为包含 A、B、C、D 这 4 个点的点集。这样便可以使用 cv2.drawContours()函数将这个面积最小的可旋转矩形的轮廓绘制出来。

5.4　小结

本章我们主要学习了二值图像的轮廓检测和轮廓匹配技术。为了减少冗余轮廓信息，我们采用了多边形轮廓逼近方法。对于处理后的轮廓，我们可以使用轮廓匹配技术进行检测。此外，我们还学习了如何使用凸包来展现复杂物体的特性。

习题

1. 现在需要对图像 img 进行二值图像转换，应使用的函数是（　　　　）。
   A. cv2.threshold()
   B. cv2.thresh()
   C. cv2.morphologyEx()
   D. cv2.binaryzation()
2. 现在需要对二值图像 img 进行轮廓检测，应使用的函数是（　　　　）。
   A. cv2.findContours()
   B. cv2.threshold()
   C. cv2.morphologyEx()

　　D．cv2.drawContours()

3．用于计算传入点集的凸包的函数是（　　　）。

　　A．cv2.convexHull()

　　B．cv2.computeHull()

　　C．cv2.convex()

　　D．cv2.hull()

4．用于计算目标轮廓的最小包围的圆的函数是（　　　）。

　　A．cv2.approxPolyDP()

　　B．cv2.boundingRect()

　　C．cv2.minEnclosingCircle()

　　D．cv2.minAreaRect()

　5．读取 circle.jpg 圆形图像，将其转换为灰度图像，并进行阈值化处理，然后计算它的轮廓。

　6．将 110 作为轮廓的基长度，分别用基长度的 90%、66%、33%、10%作为参数，编写程序，使用 cv2.approxPolyDP()函数来寻找不同逼近程度的轮廓长度并绘制结果。

第 ⑥ 章 人脸识别

学习目标

- 掌握人脸检测的方法。
- 掌握人脸识别的方法。

人脸识别是一种利用人的脸部特征信息进行身份识别的生物识别技术，通常指通过摄像机或摄像头采集含有人脸的图像或视频流，并自动在图像中检测和跟踪人脸，进而对检测到的人脸进行识别的技术。

人脸识别的基本步骤包括人脸检测和匹配识别，后者对检测到的人脸进行分类。

本章将从人脸检测入手，完成一个基础的人脸识别程序。

6.1　人脸检测

人脸检测

人脸检测是对图像中的人脸进行定位的过程。

OpenCV 通常使用 Haar 分类器对图像进行人脸检测，其本质是首先通过先验知识创建专用于人脸特征提取的模板，其次使用提取的特征对分类器进行训练，最后使用训练好的分类器分辨出提取的特征是否为人脸。

Haar 分类器主要由 Haar-like 特征、积分图、级联 AdaBoost 算法 3 部分组成，其中，Haar-like 特征用于提取人脸特征，积分图用于优化提取到的大量参数，级联 AdaBoost 算法对目标图像的特征点进行降维，选择出利于图像分类的最优特征点，并组合成级联检测器。利用这个检测器，我们可以判断目标图像中的内容是否为人脸。

Haar 分类器中的级联 AdaBoost 算法训练过程需要大量数据支持，OpenCV 已经预先提供了训练好的分类器参数文件，这些文件存放在 Python 安装目录下的…\Lib\site-packages\cv2\data 路径中，如图 6-1 所示。

从图 6-1 可以看到，在该路径下存放了多种利用 Haar 分类器训练得到的检测目标参数文件。这里我们选择默认的人脸检测参数文件 haarcascade_frontalface_default.xml 和人眼检测参数文件 haarcascade_eye.xml，并将两份文件复制到工程目录下，方便调用。

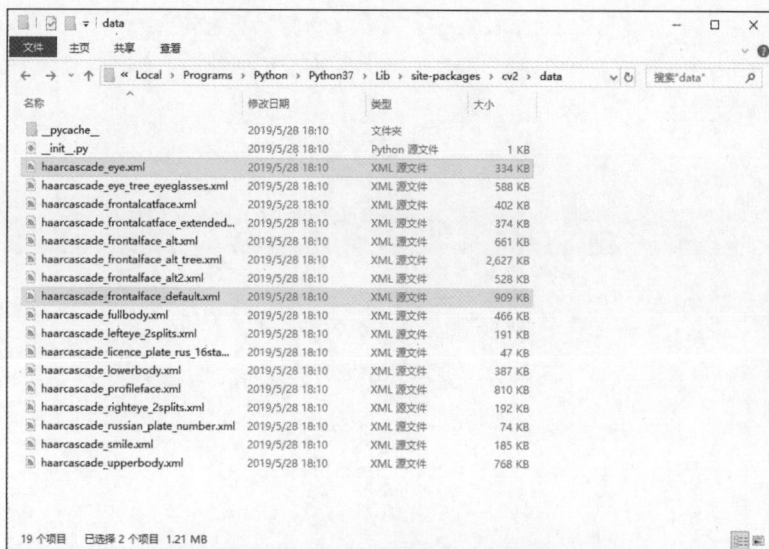

图 6-1　分类器参数文件存储路径

接下来，我们来实现实时人脸检测的程序，效果如图 6-2 所示。

图 6-2　人脸检测程序效果

程序如下：

```python
import cv2
# 创建 Haar 分类器（人脸检测）
face_classifier = cv2.CascadeClassifier('haarcascade_frontalface_default.xml')
# 创建 Haar 分类器（人眼检测）
eye_classifier = cv2.CascadeClassifier('haarcascade_eye.xml')
def detect(capture, is_camera=False):
    while True:
        ret, frame = capture.read()
        if is_camera:
```

```
            frame = cv2.flip(frame, 1)   # 水平镜像翻转
        if not ret:
            break
        gray = cv2.cvtColor(frame, cv2.COLOR_BGR2GRAY)
        # 检测人脸
        faces = face_classifier.detectMultiScale(gray, 1.03, minSize=(200, 200))
        for [x, y, w, h] in faces:
            # 检测人眼
            cv2.rectangle(frame, (x, y), (x + w, y + h), (255, 0, 255), 2)
            roi_gray = frame[y:y + h, x:x + w]
            eyes = eye_classifier.detectMultiScale(roi_gray, 1.2)
            for [ex, ey, ew, eh] in eyes:
                cv2.rectangle(roi_gray, (ex, ey), (ex + ew, ey + eh), (0, 255,
0), 2)
        cv2.imshow('face_detect', frame)
        key = cv2.waitKey(1)
        if key == 27:
            break
    cv2.destroyAllWindows()
    capture.release()


def main():
    target = str(input('请选择检测目标对象(video/camera):')).lower()
    if target == 'camera':
        detect(cv2.VideoCapture(0), True)
    else:
        detect(cv2.VideoCapture('V6-2FaceRecognition.mp4'), False)


if __name__ == '__main__':
    main()
```

在上述程序中，我们创建了一个分类器对人脸进行检测，并进一步在检测到的人脸 ROI
上检测人眼区域，最后绘制出了检测到的人脸和人眼的 ROI。

cv2.CascadeClassifier()函数用于通过传入参数文件的路径来生成级联分类器实例。

cv2.CascadeClassifier.detectMultiScale()函数用于获取对应分类器对图像的检测结果，其
基本格式如下：

```
cv2.CascadeClassifier.detectMultiScale(image, scaleFactor, minNeighbors,
flags, minSize, maxSize) -> objects
```

- 第 1 个参数：NumPy 数组类型的 image，表示待检测图像。
- 第 2 个参数：float 类型的 scaleFactor，表示指定图像压缩比例。
- 第 3 个参数：int 类型的 minNeighbors，表示构成检测目标的相邻矩形的最小个数，默认值为 3。我们可以通过增加数值来降低误识率。
- 第 4 个参数：bool 类型的 flags，无实际意义。
- 第 5 个参数：tuple 类型的 minSize，表示最小的矩形候选框大小，小于此值的矩形候选框将被忽略。
- 第 6 个参数：tuple 类型的 maxSize，表示最大的矩形候选框大小，大于此值的矩形候选框将被忽略。
- 返回值：NumPy 数组类型的 objects，表示检测到的矩形候选框集合，元素为[x,y,w,h]，分别表示矩形候选框的坐标(x,y)以及大小(w,h)。

6.2　人脸识别程序

通过学习 6.1 节关于人脸检测的内容，我们了解了使用 OpenCV 进行人脸检测的方法。接下来，我们将运用 6.1 节所学知识，实现一个具有人脸检测、人脸采集和人脸匹配识别完整功能的人脸识别程序。

6.2.1　程序概述

人脸识别程序主要包括两大模块：人脸检测及采集模块、人脸匹配识别模块。即首先从图像或视频资源中检测人脸并保存；接着使用 OpenCV 提供的模型进行训练，并保存训练参数；最后应用这些训练参数进行人脸判别，实现识别功能。

人脸识别程序的项目结构如下。

```
V6-2
│   face_recognition.py
│   generate.py
│   train.py
│   haarcascade_frontalface_default.xml
├──faces
├──test
│       coolgirl.mp4
│       coolgirl_1.mp4
│
└──train
        coolgirl.mp4
        coolgirl_1.mp4
```

上述项目结构中，generate.py 为人脸检测及采集模块，train.py 和 face_recognition.py 属于人脸匹配识别模块，faces 文件夹用于存放人脸数据，test 文件夹用于存放测试人脸识别程序的视频文件，train 文件夹用于存放人脸检测和采集所需的视频文件。

人脸识别程序还提供了从摄像头获取视频流来采集人脸数据的选项。

6.2.2 人脸检测及采集

人脸检测及采集模块（generate.py）从 train 文件夹中读取人脸数据并进行采集，程序运行效果如图 6-3 所示，采集到的人脸数据将以 .pgm 格式保存。

图 6-3　人脸检测及采集程序运行效果

程序如下：

```python
import cv2
import os


face_cascade = cv2.CascadeClassifier('haarcascade_frontalface_default.xml')
faces_dir = 'faces'
name = 'None'
count = 0
interval = 0
def face_detect(image):
    global name
    global count
    global interval
    gray = cv2.cvtColor(image, cv2.COLOR_BGR2GRAY)
    faces = face_cascade.detectMultiScale(gray, 1.3, 5)
    for (x, y, w, h) in faces:
        cv2.rectangle(image, (x, y), (x + w, y + h), (255, 0, 0), 2)
        if interval == 10:
```

```
            face = cv2.resize(gray[y:y + h, x:x + w], (200, 200))
            cv2.imwrite('%s/%s/%d.pgm' % (faces_dir, name, count + 1), face)
            # 保存人脸图像
            count += 1
            interval = 0
            print('faces:%d' % count)


def recorder(capture):
    global count
    global interval
    if type(capture).__name__ != 'VideoCapture':
        return
    if not os.path.exists('%s/%s' % (faces_dir, name)):
        os.makedirs('%s/%s' % (faces_dir, name))
    while True:
        ret, frame = capture.read()
        if not ret or count == 20:
            break
        # 人脸检测并采集
        face_detect(frame)
        # 设置人脸采集间隔
        if interval < 10:
            interval += 1
        cv2.putText(frame, 'faces:%d' % count, (0, 20), cv2.FONT_HERSHEY_
PLAIN, 2.0, (0, 255, 0))
        cv2.putText(frame, 'interval:%d/10' % interval, (0, 50), cv2.FONT_
HERSHEY_PLAIN, 2.0, (0, 255, 0))
        cv2.imshow('face_recorder', frame)
        key = cv2.waitKey(1)
        if key == 27:
            break
    cv2.destroyAllWindows()
    capture.release()


def main():
    global name
```

```
    global count
    global interval
    if str(input("请选择生成模式(VIDEO/Camera):")).lower() == 'camera':
        name = input("请输入你的名字:")
        recorder(cv2.VideoCapture(0))
    else:
        for root, dirs, files in os.walk('train'):
            for file in files:
                if file.endswith(".mp4") or file.endswith(".avi"):
                    path = os.path.join(root, file)
                    name = file.split('.')[0].lower()
                    count = 0
                    interval = 0
                    recorder(cv2.VideoCapture(path))


if __name__ == '__main__':
    main()
```

上述程序对定位到的人脸进行裁剪并缩放为 200 像素 × 200 像素，最后保存为.pgm 灰度图像格式。在检测过程中，该程序设定了 20 帧的检测间隔，以便能截取到不同姿态的人脸，从而提高人脸识别程序的识别率。

运行 generate.py 程序后，faces 文件夹的目录结构将发生如下变化。

```
faces
|
├──coolgirl
|      1.pgm
|      2.pgm
|      3.pgm
|      ...
|
└──coolgirl_1
       1.pgm
       2.pgm
       3.pgm
       ...
```

从上述目录结构可以发现，其中增加了 coolgirl 和 coolgirl_1 两个文件夹，以及这两个文件夹下的多个.pgm 人脸图像文件，分别为两个人的人脸数据。

6.2.3　人脸识别

通过对 6.2.2 节的学习，我们完成了人脸检测和采集，获得了人脸数据。在应用这些数据进行人脸匹配和识别之前，我们还需要进行模型训练。接下来，我们将学习训练模型的概念和方法，以及如何利用训练好的模型进行人脸识别（train.py）。

1．训练模型

这里说的模型是指机器学习中的概念，它是一个复杂的复合函数，用于对数值化的图像、文字、语言等数据进行运算，捕捉其中的变化和关联。例如，我们向程序输入 coolgirl 图像，使用训练过的模型可以"认出"这是 coolgirl。

训练模型则是指通过输入大量数值化后的数据，对模型参数进行优化，以提升模型的准确率。所以，训练模型就是对模型参数进行优化的过程。

训练模型的程序会读取 faces 文件夹中采集的人脸数据，并利用这些数据来训练 OpenCV 中的 LBPH（Local Binary Pattern Histogram，局部二进制模式直方图）模型，最后将优化后的模型参数保存在 face_recognizer.yml 文件中，以供后续的人脸识别程序使用。

程序如下：

```python
import numpy as np
import cv2
import os
import pickle


image_dir = "faces"
names = {}  # 记录标签对应的人名
train = []
labels = []
current_id = 0
image = None
for root, dirs, files in os.walk(image_dir):
    for file in files:
        if file.endswith(".pgm"):
            path = os.path.join(root, file)
            label = os.path.basename(root).lower()
            image = cv2.imread(path, 0)
            if not label in names:
                names[label] = current_id
                current_id += 1
            id = names[label]
```

```
        train.append(image)
        labels.append(id)

# 保存标签对应的人名
with open("names.pickle", 'wb') as f:
    pickle.dump(names, f)

# 训练并保存识别器参数
recognizer = cv2.face.LBPHFaceRecognizer_create()
recognizer.train(np.array(train), np.array(labels))
recognizer.save("face_recognizer.yml")
```

上述程序中，字典 names 用来记录每个人的名字及其对应的唯一序列号。这些序列号在机器学习中称为标签（label），用于在训练模型时标识人脸数据。通过 pickle，将标签与人名的键值保存在 names.pickle 文件中，以便在后续的人脸识别中通过标签快速找到对应的人名。训练模型程序处理过程如图 6-4 所示。

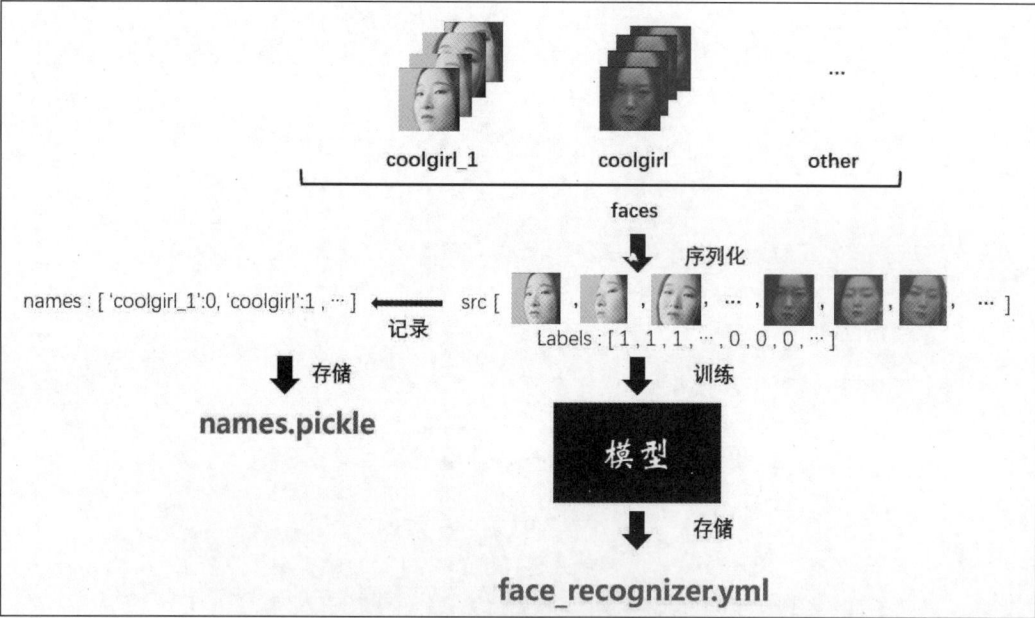

图 6-4　训练模型程序处理过程

运行 train.py 后，V6-2 目录结构新增 face_recognizer.yml 及 names.pickle 文件。

V6-2
│　face_recognizer.yml
│　names.pickle
└──…

在程序中，我们使用 cv2.face.LBPHFaceRecognizer_create()函数创建人脸识别模型对象 recognizer，通过调用 recognizer.train()函数和 recognizer.save()函数完成对模型的训练和训练参数的存储。

recognizer.train()函数用于对传入的图像集合进行训练，其基本格式如下：

```
recognizer.train(src, labels)
```

- 第 1 个参数：list 类型的 src，表示进行模型训练的图像集合。
- 第 2 个参数：NumPy 数组类型的 labels，表示 src 图像集合对应的标签的集合。

需要注意，因每个图像和标签一一对应，故 len(src)==labels.shape[0]，即 src 和 labels 集合长度必须相等。

recognizer.save()函数用于保存训练的参数，其基本格式如下：

```
recognizer.save(src)
```

- 参数：str 类型的 src，表示模型的参数信息保存地址，模型参数文件为.xml 或.yml 格式。

2. 人脸识别

人脸识别程序通过加载存储在 face_recognizer.yml 中的训练后的参数，可以构建出人脸识别模型，并使用该模型对定位到的人脸区域进行预测，根据预测结果判别出对应的人脸，从而完成识别，如图 6-5 所示。

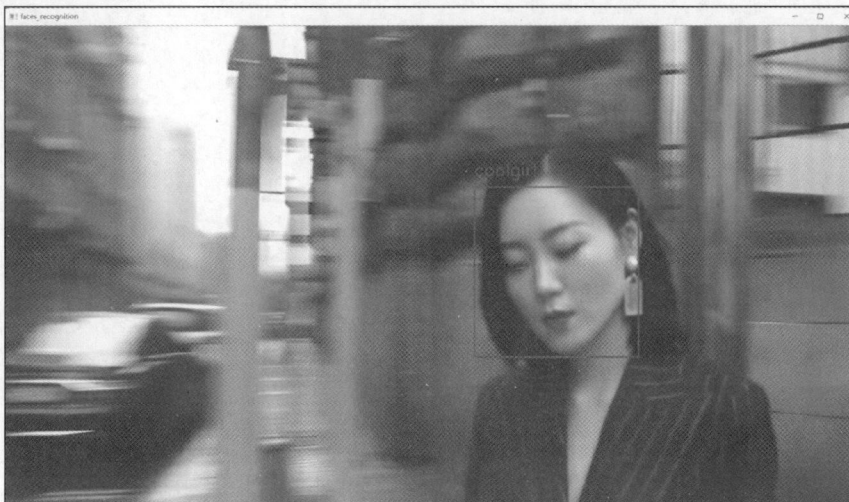

图 6-5 人脸识别程序运行效果

程序如下：

```
import cv2
import pickle


face_cascade = cv2.CascadeClassifier('haarcascade_frontalface_default.xml')
recognizer = cv2.face.LBPHFaceRecognizer_create()
```

```python
recognizer.read('face_recognizer.yml')
threshold = 70
names = {"person_name": 0}
with open("names.pickle", 'rb') as f:
    labels = pickle.load(f)
    names = {v: k for k, v in labels.items()}


def face_recognizer(capture):
    global names
    while (True):
        ret, frame = capture.read()
        if not ret:
            break
        faces = face_cascade.detectMultiScale(frame, 1.3, 5)
        for (x, y, w, h) in faces:
            gray = cv2.cvtColor(frame, cv2.COLOR_BGR2GRAY)
            roi = gray[y:y + h, x:x + w]
            roi = cv2.resize(roi, (200, 200), interpolation=cv2.INTER_LINEAR)
            # 对人脸区域进行识别
            id, conf = recognizer.predict(roi)
            print("Label:%s, Name:%s, Confidence:%.2f" % (id, names[id], conf))
            name = "other"
            color = (255, 0, 0)
            # 判断识别结果
            if conf <= threshold:
                name = names[id]
                color = (0, 0, 255)
            cv2.putText(frame, name, (x, y - 20), cv2.FONT_HERSHEY_SIMPLEX,
1, color, 2)
            cv2.rectangle(frame, (x, y), (x + w, y + h), color, 2)
        cv2.imshow('faces_recognition', frame)
        if cv2.waitKey(20) & 0xff == ord('q'):
            break
    cv2.destroyAllWindows()
    capture.release()


def main():
    obj = str(input('请选择识别对象(coolgirl/coolgirl_1/camera):')).lower()
```

```
    if obj == 'camera':
        face_recognizer(cv2.VideoCapture(0))
    elif obj == 'coolgirl':
        face_recognizer(cv2.VideoCapture('test/coolgirl.mp4'))
    else:
        face_recognizer(cv2.VideoCapture('test/coolgirl_1.mp4'))

if __name__ == '__main__':
    main()
```

在上述程序中，我们使用 cv2.face.LBPHFaceRecognizer_create()函数创建人脸识别模型对象 recognizer，通过调用 recognizer.read()函数和 recognizer.predict()函数分别完成对图像的读取和预测。

recognizer.read()函数用于对图像进行读取，其基本格式如下：

```
recognizer.read(filename)
```

- 参数：str 类型的 filename，表示加载的模型参数信息的地址，模型参数文件为.xml 或.yml 格式。

recognizer.predict()函数用于对图像进行预测，其基本格式如下：

```
recognizer.predict(src) -> label, confidence
```

- 参数：NumPy 数组类型的 src，表示需进行预测的灰度图像。
- 第 1 个返回值：int 类型的 label，表示预测识别结果对应的标签。
- 第 2 个返回值：float 类型的 confidence，表示预测对象的置信度。

至此，一个功能基本完善的人脸识别程序已经完成。

6.3　小结

本章介绍了人脸识别的基本结构及编程实现过程。人脸识别程序主要包括人脸检测及采集模块和人脸匹配识别模块。首先从图像或视频资源中检测人脸并保存人脸数据，其次通过使用 OpenCV 提供的模型对人脸数据进行训练并保存训练参数，最后应用这些训练参数进行人脸判别，实现识别功能。

习题

1. 用于传入.xml 参数文件的路径生成级联分类器实例的函数是（　　　　）。

    A. cv2.CascadeClassifier()

    B. cv2.Cascade()

    C. cv2.Classifier()

    D. cv2.CascadeClassifierXML()

2. 用于获取对应分类器图像检测结果的函数是（　　　）。

　A．cv2.detectMultiScale()

　B．cv2.detect()

　C．cv2.detectMulti()

　D．cv2.predict()

3. 人脸识别的基本步骤是＿＿＿＿＿和＿＿＿＿＿，后者对检测到的人脸进行＿＿＿＿＿。

4. 拍摄多张自己的照片，使用这些数据训练人脸识别模型。最后，利用训练好的模型对自己的照片进行人脸识别。

学习目标

- 了解图像特征的概念。
- 了解特征描述符及匹配器概念。
- 掌握图像特征检测的方法。

在第 5 章图像轮廓检测中，我们利用图像轮廓进行图形检测，然而在实际应用中，待检测的目标往往不是简单、完整的多边形，而是具有更复杂甚至不完整轮廓的物体。

本章将通过提取图像特征及描述符对图像进行区分，进而实现图像检测目的。

7.1　图像特征

在现实生活中，我们看到的物体大多结构复杂，而大脑会提取这些物体的某些特征来帮助我们记忆。以拼图游戏为例，对于从完整图像中拆分出来的众多碎片，我们通常会先对每个碎片进行特征分类，然后依据这些图像特征进行匹配和定位，最终完成拼接，如图 7-1 所示。

图 7-1　图像特征分类

在计算机视觉领域，图像特征是用于描述和表示图像内容的关键元素。它们可以是图像的点、线、边缘、纹理等信息，能够帮助算法理解和分析图像。

7.2 Harris 角点检测

我们可以将图 7-1 所示的情况简化为图 7-2 所示。

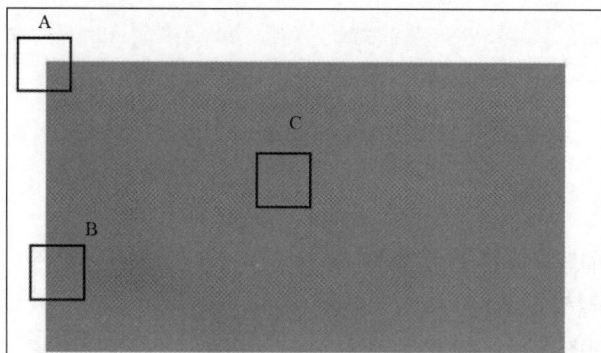

Harris 角点检测

图 7-2　特征说明

图 7-2 中框选出来的 A、B、C 这 3 个区域。对窗口 C 进行任意移动时，对应窗口区域中的内容看起来都是一样的。对窗口 B（边缘区域）进行垂直移动时，窗口区域中的内容不会发生明显变化；但进行水平移动时，对应窗口区域中的内容才会发生明显变化。对窗口 A（角点区域）进行任意移动，对应窗口区域中的内容都会发生变化。

角点检测用于识别图像中具有显著变化的角点或特征点。

使用 Harris 角点检测函数对棋盘图像进行角点检测，结果如图 7-3 所示。

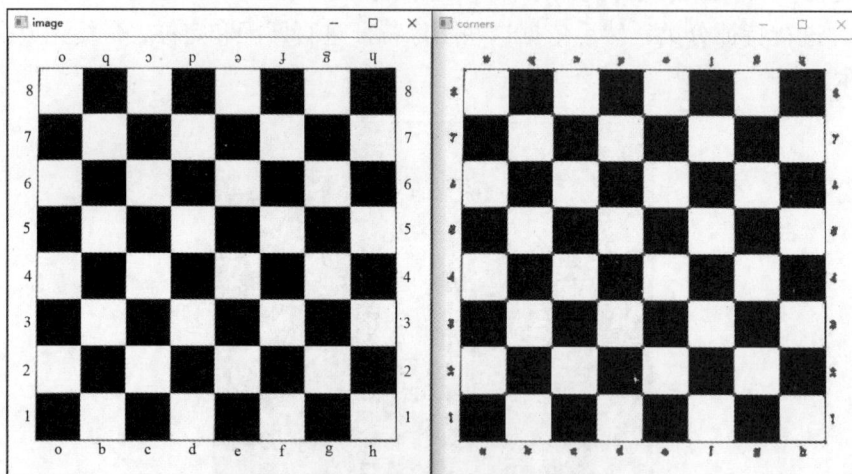

图 7-3　棋盘图像角点检测结果

程序如下：

```
import cv2
import numpy as np
img = cv2.imread('chess.jpg')
gray = cv2.cvtColor(img, cv2.COLOR_BGR2GRAY)
```

```
cv2.imshow('image', img)

gray = np.float32(gray)

dst = cv2.cornerHarris(gray, 3, 3, 0.04)

img[dst > 0.01*dst.max()] = [0, 0, 255]

cv2.imshow('corners', img)

cv2.waitKey()
```

在上述程序中，通过调用 cv2.cornerHarris()函数计算原图像的角点得分，然后设定角点得分大于 0.01*dst.max()的点为目标角点，其基本格式如下：

```
dst=cv2.cornerHarris(src, blockSize, ksize, k, borderType)
```

- 第 1 个参数：NumPy 数组类型的 src，表示要进行角点检测的灰度图像。
- 第 2 个参数：int 类型的 blockSize，表示邻域大小。
- 第 3 个参数：int 类型的 ksize，表示 Sobel 算子的孔径尺寸。
- 第 4 个参数：float 类型的 k，表示根据具体情况进行调整的参数。
- 第 5 个参数：int 类型的 borderType，表示用于推断图像外部像素的某种边界模式，默认值为 cv2.BORDER_DEFAULT。
- 返回值：NumPy 数组类型的 dst，表示经过处理后的图像，需要和原图像具有相同的尺寸和类型。

7.3　特征检测

Harris 角点检测算法对图像尺度的变化非常敏感，因此，在实际使用中，我们通常选择使用 SIFT、FAST 等特征检测算法，以提高算法的稳定性。

7.3.1　SIFT 特征检测算法

SIFT（Scale-Invariant Feature Transform，尺度不变特征变换）是一种广泛使用的特征检测和描述算法。SIFT 旨在从图像中提取稳定的关键点，并为每个关键点生成描述符，以便于图像匹配和物体识别。接下来我们将对一幅图像进行 SIFT 特征检测，效果如图 7-4 所示。

SIFT 特征检测算法

图 7-4　SIFT 特征检测效果

程序如下：

```
import cv2

imgpath = 'countryside.jpg'
img = cv2.imread(imgpath)
gray = cv2.cvtColor(img, cv2.COLOR_BGR2GRAY)
#创建 SIFT 特征检测器并检测特征点
sift = cv2.SIFT_create()
keypoints = sift.detect(gray)
img = cv2.drawKeypoints(image=img, outImage=img, keypoints = keypoints,
color = (151, 62, 220))
cv2.imwrite('sift_countryside.jpg',img)
cv2.imshow('sift_keypoints', img)
cv2.waitKey(0)
```

在上述程序中，我们创建了一个 SIFT 特征检测器，并利用该检测器对目标灰度图像进行特征点提取，最终将这些特征点绘制到原图像上。

cv2.SIFT_create()函数用于创建 SIFT 特征检测器。

sift.detect()函数用于获取图像的特征点，其基本格式如下：

```
keypoints=sift.detect(img)
```

- 参数：NumPy 数组类型的 img，表示待检测图像。
- 返回值：list 类型的 keypoints，表示检测到的特征点。

cv2.drawKeypoints()用于绘制 SIFT 特征点，其基本格式如下：

```
outImage=cv2.drawKeypoints(image, keypoints, color, flags)
```

- 第 1 个参数：NumPy 数组类型的 image，表示原图像。
- 第 2 个参数：list 类型的 keypoints，表示检测到的特征点。
- 第 3 个参数：tuple 类型的 color，表示绘制特征点的 BGR 颜色。
- 第 4 个参数：int 类型的 flags，表示绘图功能的标志，具体参数如表 7-1 所示，默认值为 cv2.DRAW_MATCHES_FLAGS_DEFAULT。

表 7-1　flags 常用参数

常用参数	功能
cv2.DRAW_MATCHES_FLAGS_DEFAULT	默认绘制方式。绘制关键点，使用默认的颜色和大小
cv2.DRAW_MATCHES_FLAGS_DRAW_OVER_OUTIMG	在输出图像上绘制关键点
cv2.DRAW_MATCHES_FLAGS_NOT_DRAW_SINGLE_POINTS	不会绘制单个关键点

续表

常用参数	功能
cv2.DRAW_MATCHES_FLAGS_DRAW_RICH_KEYPOINTS	绘制单个关键点

- 返回值，NumPy 数组类型的 outImage，表示输出的已绘制特征点的图像。

7.3.2　FAST 特征检测算法

尽管 SIFT 算法的检测效果十分出色，但是在面对实时图像处理系统时，其处理速度还有待提升。因此，对于实时图像处理系统，通常会选择 FAST（Feature from Accelerated Segment Test，加速段特征检测）算法进行特征检测，以满足实时性要求。

FAST 特征检测算法

接下来，我们将通过对视频进行 FAST 特征检测来模拟实时的图像处理过程，效果如图 7-5 所示。

图 7-5　视频的 FAST 特征检测效果

程序如下：

```
import cv2

videoPath = 'res/RocketLaunch.mp4'
capture = cv2.VideoCapture(videoPath)
#创建 FAST 特征检测器并检测特征点
fast = cv2.FastFeatureDetector().create()
while True:
    ret, frame = capture.read()
    key = cv2.waitKey(27)
    if key == 27 or not ret:
        break
    gray = cv2.cvtColor(frame,cv2.COLOR_BGR2GRAY)
```

```
        keypoints = fast.detect(gray)
        cv2.drawKeypoints(image=frame, outImage=frame, keypoints = keypoints,
color = (151, 62, 220))
        cv2.imshow('fast', frame)
```

在上述程序中，我们创建了一个 FAST 特征检测器，并利用该检测器对视频的每一帧进行特征关键点提取，最终将这些关键点绘制出来。

7.4　特征描述符及匹配器

特征检测器的主要任务是识别和定位图像中的特征点，而特征描述符的主要任务是为每个检测到的特征点生成一个特征向量，描述该点及其周围领域的图像信息。在实际应用中，我们检测图像特征的目的往往是对目标进行匹配。OpenCV 中的特征检测器提供了 cv2.ORB_create().detectAndCompute() 函数，用于检测图像的特征点并计算特征描述符。对于获取到的特征描述符，我们可以使用 OpenCV 提供的 Brute-Force 匹配器或 FLANN 匹配器进行匹配。

本节我们将学习如何利用一幅图像的特征去匹配其他图像的特征。

7.4.1　Brute-Force 匹配器和 FLANN 匹配器的基本概念

Brute-Force 匹配器，即暴力匹配法是一种简单直接的匹配方法。在这种方法中，每一个查询描述符会与所有可能的训练描述符进行匹配，以确保总能找到最佳匹配，其缺点是描述符集数量越多，匹配效率越低。

FLANN（Fast Library for Approximate Nearest Neighbors，快速近似最近邻库）匹配器，它是一个针对大数据集和高维特征优化的优化算法的集合，特别适用于高维数据。

7.4.2　使用 ORB 描述符和 Brute-Force 匹配器匹配 Logo

ORB（Oriented FAST and Rotated BRIEF）是一种结合了 FAST 特征检测器及 BRIEF 特征描述符的特征描述符，用于关键点检测和描述。

接下来，我们将使用 ORB 特征描述符和 Brute-Force 匹配器完成民航 Logo 与机翼上对应 Logo 的匹配任务，效果如图 7-6 所示。

图 7-6　飞机 Logo 匹配效果

程序如下：

```
import cv2

def match(query_descriptors, train_descriptors):
    # 匹配特征描述符（Brute-Force 匹配器：对两个特征描述符的所有特征进行比较并给出距
离值）
    bf = cv2.BFMatcher(cv2.NORM_HAMMING, crossCheck=True)
    matches = bf.match(query_descriptors, train_descriptors)
    matches = sorted(matches, key=lambda x: x.distance)
    # 排序匹配质量（距离值）
    return matches

def knnMatch(query_descriptors, train_descriptors):
    bf = cv2.BFMatcher()
    matches = bf.knnMatch(query_descriptors, train_descriptors, k=2)
    good = []
    for m, n in matches:
        if m.distance < 0.8 * n.distance:
            good.append(m)
    return good

plane = cv2.imread('zhonghang_plane.jpg')
logo = cv2.imread('zhonghang_logo.jpg')
plane_gray = cv2.cvtColor(plane, cv2.COLOR_BGR2GRAY)
logo_gray = cv2.cvtColor(logo, cv2.COLOR_BGR2GRAY)
# 创建 ORB 特征描述符
orb = cv2.ORB_create()
# 返回检测和计算的特征点与描述符
plane_keypoint, plane_descriptors = orb.detectAndCompute(plane_gray, None)
logo_keypoint, logo_descriptors = orb.detectAndCompute(logo_gray, None)
matches = match(logo_descriptors, plane_descriptors)
knn_matches = knnMatch(logo_descriptors, plane_descriptors)
# 绘制特征点与匹配结果
matches_image = cv2.drawMatches(logo, logo_keypoint, plane, plane_keypoint,
matches[:20], None, -1, (255, 0, 0), flags=2)
knn_matches_image = cv2.drawMatchesKnn(logo, logo_keypoint, plane,
plane_keypoint, knn_matches, None, flags=2)
```

```
cv2.imshow('matches', matches_image)
cv2.imshow('knnMatches', knn_matches_image)
cv2.waitKey()
cv2.destroyAllWindows()
```

在上述程序中，首先对原图像及目标图像使用 ORB 进行特征点和描述符的运算及提取。对获取到的查询描述符（来自民航 Logo）以及训练描述符（来自机翼 Logo），分别采用 Brute-Force 匹配器和 KNN 算法获取匹配后的结果。最后分别调用 cv2.drawMatches()函数和 cv2.drawMatchesKnn()函数，将关键点及匹配结果绘制在图像上。

cv2.ORB_create()函数用于创建 ORB 描述符实例（采用默认值）。

cv2.ORB_create().detectAndCompute()函数用于同时进行特征点检测和描述符计算，其基本格式如下：

```
cv2.ORB_create().detectAndCompute(gray) -> keypoints,descriptors
```

- 参数：NumPy 数组类型的 gray，表示待检测的灰度图像。
- 第 1 个返回值：list 类型的 keypoints，表示检测到的特征点。
- 第 2 个返回值：NumPy 数组类型的 descriptors，表示计算出的图像特征描述符的集合。

cv2.BFMatcher()函数用于创建 Brute-Force 匹配器，其基本格式如下：

```
cv2.BFMatcher(normType, crossCheck)
```

- 第 1 个参数：int 类型的 normType，表示进行匹配时的距离测量算法，可选参数有 cv2.NORM_L1、cv2.NORM_L2、cv2.NORM_HAMMING、cv2.HAMMING2。其中，cv2.NORM_L1 和 cv2.NORM_L2 对 SIFT 描述符有很好的匹配效果，cv2.NORM_HAMMING 适用于 ORB、BRISK 和 BRIEF 描述符的匹配。

- 第 2 个参数：bool 类型的 crossCheck，默认值为 False。当该参数的值为 False 时，BFMatcher 会查找每个描述符的 k 个最近邻域，通过 cv2.BFMatcher().knnMatch()函数返回每个查询描述符的最佳的 k 个匹配。若该参数的值为 True，则使用 cv2.BFMatcher().match()函数返回每个查询描述符的最佳匹配。

在 OpenCV 中，cv2.BFMatcher()函数提供了两种主要的匹配方法：match 和 Knnmatch，下面分别进行介绍。

cv2.BFMatcher.match()函数的基本格式如下：

```
cv2.BFMatcher.match(queryDescriptors, trainDescriptors) -> matches
```

- 第 1 个参数：NumPy 数组类型的 queryDescriptors，表示查询描述符集。
- 第 2 个参数：NumPy 数组类型的 trainDescriptors，表示训练描述符集。
- 返回值：list 类型的 matches，表示得到的匹配结果。

cv2.BFMatcher.knnmatch()函数的基本格式如下：

```
cv2.BFMatcher.knnmatch(queryDescriptors, trainDescriptors, k) -> matches
```

- 第 1 个参数：NumPy 数组类型的 queryDescriptors，表示查询描述符集。
- 第 2 个参数：NumPy 数组类型的 trainDescriptors，表示训练描述符集。
- 第 3 个参数：int 类型的 k，表示对于每个查询描述符找到最佳的 k 个匹配。

- 返回值：list 类型的 matches，表示得到的匹配结果。

cv2.drawMatches()和 cv2.drawMatchesknn()是 OpenCV 中用于可视化特征匹配结果的两个函数，下面分别进行介绍。

cv2.drawMatches()函数用于绘制匹配普通结果，其基本格式如下：

```
cv2.drawMatches(img1, keypoints1, img2, keypoints2, matches1to2,
matchColor, singlePointColor, matchesMask, flags) -> outImg
```

- 第 1 个参数：NumPy 数组类型的 img1，表示第 1 幅原图像。
- 第 2 个参数：list 类型的 keypoints1，表示来自第 1 幅原图像的关键点列表。
- 第 3 个参数：NumPy 数组类型的 img2，表示第 2 幅原图像。
- 第 4 个参数：list 类型的 keypoints2，表示来自第 2 幅原图像的关键点列表。
- 第 5 个参数：list 类型的 matches1to2，表示第 1 幅原图像与第 2 幅原图像关键点匹配对的列表。
- 第 6 个参数：tuple 类型的 matchColor，表示匹配间连接线与关键点的颜色，默认值为-1，表示颜色随机生成。
- 第 7 个参数：tuple 类型的 singlePointColor，表示没有匹配项的关键点的颜色，默认值为-1，表示颜色随机生成。
- 第 8 个参数：list 类型的 matchesMask，掩码列表，用于确定绘制哪些匹配项，None 表示绘制所有匹配项。
- 第 9 个参数：int 类型的 flags，表示特征绘制的标识符。
- 返回值：NumPy 数组类型的 outImg，表示输出的结果图像。

cv2.drawMatchesKnn()是用于可视化 k 最近邻匹配的函数，其基本格式如下：

```
cv2.drawMatchesKnn(img1, keypoints1, img2, keypoints2, matches1to2,
matchColor, singlePointColor, matchesMask, flags) -> outImg
```

- 第 1 个参数：NumPy 数组类型的 img1，表示第 1 幅原图像。
- 第 2 个参数：list 类型的 keypoints1，表示来自第 1 幅原图像的关键点列表。
- 第 3 个参数：NumPy 数组类型的 img2，表示第 2 幅原图像。
- 第 4 个参数：list 类型的 keypoints2，表示来自第 2 幅原图像的关键点列表。
- 第 5 个参数：list 类型的 matches1to2，表示第 1 幅原图像与第 2 幅原图像关键点匹配对的列表。
- 第 6 个参数：tuple 类型的 matchColor，表示匹配间连接线与关键点的颜色，默认值为-1，表示颜色随机生成。
- 第 7 个参数：tuple 类型的 singlePointColor，表示没有匹配项的关键点的颜色，默认值为-1，表示颜色随机生成。
- 第 8 个参数：list 类型的 matchesMask，掩码列表，用于确定绘制哪些匹配项，None 表示绘制所有匹配项。
- 第 9 个参数：int 类型的 flags，表示特征绘制的标识符。
- 返回值：NumPy 数组类型的 outImg，表示输出的结果图像。

7.4.3　FLANN 及单应性变换

本节我们将使用 SIFT 算法、FLANN 匹配器及 calib3d 模块中的单应性变换函数，实现从摄像头拍摄到的画面中匹配并识别饮用水 Logo，效果如图 7-7 所示。

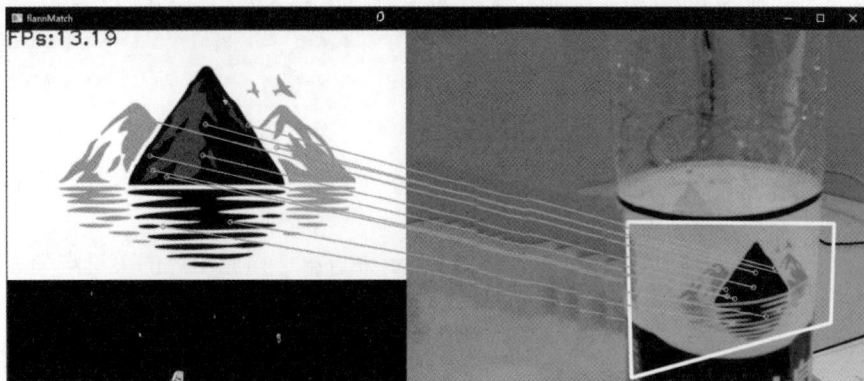

图 7-7　饮用水 Logo 匹配效果

在计算机视觉中，单应性变换用于描述两个图像平面之间的投影关系，尤其在处理图像拼接、透视矫正等任务时非常常用。在接下来的程序中将要使用到的变换矩阵被称为单应性矩阵。

程序如下：

```python
import cv2
import numpy as np


MIN_MATCH_COUNT = 10
sift = cv2.xfeatures2d.SIFT_create()
#提前检测并计算 logo 的 SIFT 特征描述符
logo = cv2.imread('Nonfu_logo.jpg', 0)
logo_keypoint, logo_description = sift.detectAndCompute(logo, None)
#创建并设置 FLANN 匹配器
FLANN_INDEX_KDTREE = 0
indexParams = dict(algorithm=FLANN_INDEX_KDTREE, trees=5)
searchParams = dict(checks=50)
flann = cv2.FlannBasedMatcher(indexParams, searchParams)
#打开摄像头
capture = cv2.VideoCapture(0)
while True:
    #记录起始时间用于计算 fps
    time0 = cv2.getTickCount()
    ret, frame = capture.read()
```

```
        gray = cv2.cvtColor(frame,cv2.COLOR_BGR2GRAY)
        if not ret or cv2.waitKey(1) == 27:
            break

        #检测并计算视频帧的特征描述符
        search_keypoint, search_description = sift.detectAndCompute(gray, None)
        if search_description is not None and len(search_description)>1:
            #匹配并评估匹配结果
            good = []
            matches = flann.knnMatch(logo_description, search_description, k=2)
            for m, n in matches:
                if m.distance < 0.7 * n.distance:
                    good.append(m)
            #匹配结果达到阈值后进行透视变换并绘制出在视频帧中搜索到的 Logo
            if len(good) > MIN_MATCH_COUNT:
                logo_pts = np.float32([logo_keypoint[m.queryIdx].pt for m in
good]).reshape(-1, 1, 2)
                search_pts = np.float32([search_keypoint[m.trainIdx].pt for m in
good]).reshape(-1, 1, 2)
                M, mask = cv2.findHomography(logo_pts, search_pts, cv2.RANSAC, 5.0)
                matchesMask = mask.ravel().tolist()
                h, w = logo.shape
                pts = np.float32([[0, 0], [0, h - 1], [w - 1, h - 1], [w - 1,
0]]).reshape(-1, 1, 2)
                if M is not None:
                    dst = cv2.perspectiveTransform(pts, M)
                    cv2.polylines(gray, [np.int32(dst)], True, 255, 3,
cv2.LINE_AA)
            else:
                matchesMask = None
            #绘制 Logo 关键点和视频帧中关键点及之间的匹配
            drawParams = dict(matchColor=(0, 255, 0),
                              singlePointColor=None,
                              matchesMask=matchesMask,
                              flags=2
                              )
            resultImage = cv2.drawMatches(logo, logo_keypoint, gray,
```

```
search_keypoint, good, None, **drawParams)
            #计算并绘制 fps 用于评估算法效率
            fps = "fps:%.2f"%(cv2.getTickFrequency()/(cv2.getTickCount()-
time0))
            cv2.putText(resultImage, str(fps), (0, 20), cv2.FONT_HERSHEY_PLAIN,
2.0, (0, 0, 255), 2)
            cv2.imshow('flannMatch', resultImage)


    cv2.destroyAllWindows()
    capture.release()
```

在上述程序中，我们首先计算 Logo 的 SIFT 特征描述符，使用 cv2.FlannBasedMatcher() 函数创建并设置 FLANN 匹配器。然后打开设备摄像头，对每一帧图像进行 SIFT 特征描述符计算，并使用 FLANN 匹配器进行匹配。当匹配结果达到设定的阈值时，便对匹配的关键点进行透视变换，以定位视频帧中 Logo 的位置，并通过 cv2.polylines() 函数将其绘制出来。

此外，程序还使用了 cv2.getTickCount() 函数和 cv2.getTickFrequency() 函数计算 fps，以评估这个实时程序的运行效率。cv2.getTickCount() 返回从参考点到当前时间的时钟周期数，可以用来测量程序运行的时间。cv2.getTickFrequency() 函数返回每秒的时钟周期数，用于将 cv2.getTickCount() 函数返回的时钟周期数转换为秒数。

cv2.FlannBasedMatcher() 函数用于创建 FLANN 匹配器实例，其基本格式如下：

```
cv2.FlannBasedMatcher()(queryDescriptors, trainDescriptors, k, mask,
compactResult) -> matches
```

- 第 1 个参数：NumPy 数组类型的 queryDescriptors，表示查询描述符集。
- 第 2 个参数：NumPy 数组类型的 trainDescriptors，表示训练描述符集。
- 第 3 个参数：int 类型的 k，表示对于每个查询描述符找到最佳的 k 个匹配。
- 第 4 个参数：list 类型的 mask，表示指定查询描述符集和训练描述符集之间哪些描述符允许进行匹配。
- 第 5 个参数：bool 类型的 compactResult，当 mask 不为空时，将使用此参数。如果 compactResult 为 False，那么返回的 matches 的数量和查询描述符集的数量一致；如果 compactResult 为 True，则返回的 matches 的数量不包含被 mask 剔除的匹配点。
- 返回值：list 类型的 matches，表示得到的匹配结果。

cv2.findHomography() 函数用于计算单应性矩阵，其基本格式如下：

```
cv2.findHomography(srcPoints, dstPoints, method, ransacReprojThreshold) ->
retval, status
```

- 第 1 个参数：NumPy 数组类型的 srcPoints，表示原图像中点的坐标，这些点是图像特征匹配后保留好的匹配点。格式通常为 $N×1×2$ 或 $N×2$，其中 N 是点的数量。
- 第 2 个参数：NumPy 数组类型的 dstPoints，表示目标图像中点的坐标，格式与 srcPoints 相同。

- 第 3 个参数：int 类型的 method，表示计算单应性矩阵的方法，具体参数如表 7-2 所示。

表 7-2　method 常用参数

常用参数	描述
0、cv2.RANSAC	基于 RANSAC 算法来计算单应性矩阵
cv2.LMEDS	基于最小化中值平方来计算单应性矩阵
cv2.RHO	基于 RHO 算法来计算单应性矩阵

- 第 4 个参数：float 类型的 ransacReprojThreshold，表示原图像的点经过变换后与目标图像上对应点之间的误差（此参数仅在采用 RANSAC 和 LMED 方法时使用），参数范围通常在 1 到 10 之间，超过该阈值的点被认定为异常值。
- 第 1 个返回值：NumPy 数组类型的 retval，表示计算得到的单应性矩阵。
- 第 2 个返回值：NumPy 数组类型的 status，表示每个点是否被视为内点（即在计算单应性矩阵时是否使用了该点）。

cv2.perspectiveTransform()函数用于根据输入的变换矩阵对平面坐标进行透视变换，其基本格式如下：

```
cv2.perspectiveTransform(src, m) -> dst
```

- 第 1 个参数：NumPy 数组类型的 src，表示原图像坐标。
- 第 2 个参数：NumPy 数组类型的 m，表示变换矩阵。
- 返回值：NumPy 数组类型的 dst，表示矩阵变换后的图像坐标。

cv2.polylines()函数用于在图像上绘制多边形，其基本格式如下：

```
cv2.polylines(img, pts, isClosed, color, thickness, lineType) -> img
```

- 第 1 个参数：NumPy 数组类型的 img，表示要进行绘制的图像。
- 第 2 个参数：NumPy 数组类型的 pts，表示要绘制的多边形顶点的集合。
- 第 3 个参数：bool 类型的 isClosed，表示指定要绘制的多边形线段是否闭合。如果 isClosed==True，则绘制的多边形是闭合的。
- 第 4 个参数：tuple 类型的 color，表示要绘制的多边形线条的颜色。
- 第 5 个参数：int 类型的 thickness，表示要绘制的多边形线条的宽度。
- 第 6 个参数：int 类型的 lineType，表示要绘制的多边形的线条类型，有默认值。
- 返回值：NumPy 数组类型的 img，表示绘制了多边形的图像。

7.5　小结

本章我们从图像特征这一视角出发，探索了目标检测的新方式。首先从角点检测开始认识图像的特征，随后了解了 SIFT、FAST 等图像特征检测算法，最后使用这些特征算法完成了图像特征的匹配及标识。

习题

1. 现在需要对图像 img 进行 Harris 角点检测，应使用的函数是（　　　）。

    A. cv2.cornerHarris()　　　　　　　　　B. cv2.Harris()

    C. cv2.cornerDetect()　　　　　　　　　D. cv2.harrisCorner()

2. 用于创建 SIFT 特征检测器实例的函数是（　　　）。

    A. cv2.xfeatures2d.SIFT_create()　　　　B. cv2.xfeatures2d.SIFT()

    C. cv2.xfeatures2d.create()　　　　　　D. cv2.SIFTFeature.Detector.create()

3. 用于创建 FAST 特征检测器实例的函数是（　　　）。

    A. cv2.xfeatures2d.Fast_create()　　　　B. cv2.FastFeatureDetector().create()

    C. cv2.xfeatures2d.create()　　　　　　D. cv2.SIFTDetection.create()

4. 用于创建 ORB 特征检测器实例的函数是（　　　）。

    A. cv2.xfeatures2d.ORB_create()　　　　B. cv2.ORB_create()

    C. cv2.ORB.create()　　　　　　　　　D. cv2.ORB_features.create()

5. 用于创建基于 Brute-Force（暴力匹配法）的匹配器的函数是（　　　）。

    A. cv2.BFMatcher()　　　　　　　　　B. cv2.ORB_create.BFMatcher()

    C. cv2.Brute_Force.match()　　　　　　D. cv2.brute_match()

6. 用于创建 FLANN 匹配器实例的函数是（　　　）。

    A. cv2.FlannBasedMatcher()　　　　　　B. cv2.FlannMatcher()

    C. cv2.Flann.create()　　　　　　　　D. cv2.Flann_create()

7. 用于计算单应性矩阵的函数是（　　　）。

    A. cv2.findHomography()　　　　　　　B. cv2.computeHomography()

    C. cv2.homography()　　　　　　　　　D. cv2.homographyMatrix()

8. 面对实时图像处理系统，通常会选择（　　）算法进行特征检测。

    A. SIFT　　　　　　B. FAST　　　　　　C. Harris

9. 列举特征检测的几种检测算法：＿＿＿＿＿＿＿。

10. 使用 SIFT 算法、FLANN 匹配器及 calib3d 模块中的单应性变换函数来完成以下任务：通过识别与匹配本书的封面特征，定位摄像头中本书的位置，并标记、框选出来。

第 8 章 图像分割

学习目标

- 掌握 K-Means 算法、分水岭算法、Grabcut 算法的概念。
- 掌握图像分割算法的运用。

图像分割是把图像划分成若干个具有独特性质的区域，并提取出感兴趣目标的技术和过程，它是图像分析的关键步骤。

本章我们将学习各种图像分割方法，并将其应用于实际案例中。

8.1 K-Means 算法

K-Means 算法是最常用的基于欧氏距离的聚类算法之一。聚类是数据挖掘中的基本任务，是将数据集中具有"相似"特征的数据点划分为同一类别，最终生成多个类。K-Means 算法认为，两个目标之间的距离越近，它们的相似度就越大。

K-Means 算法

8.1.1 基本过程

假定我们需要把 n 个样本聚为 K 类。

（1）选择 K 个点作为初始中心点（质心）。如图 8-1 所示，假设要求聚为 2 类，就需要在样本中选择 2 个点作为初始中心点。

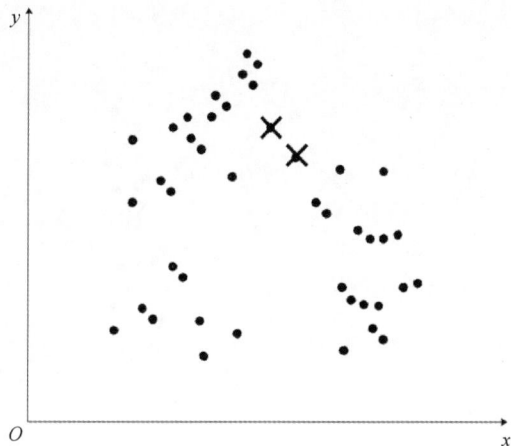

图 8-1　设置初始中心点

（2）分配数据点到最近的质心。

对于每个观测点，计算它们到每个初始中心点的距离，按照距离最小原则，将观测点分到各初始中心点所在类中。

（3）更新质心。

计算 K 类中所有观测点的均值，并将其作为第二次迭代的中心点。如图 8-2 所示，根据各观测点到 2 个初始中心点的距离划分出 2 类，并计算出 2 类的新中心点。

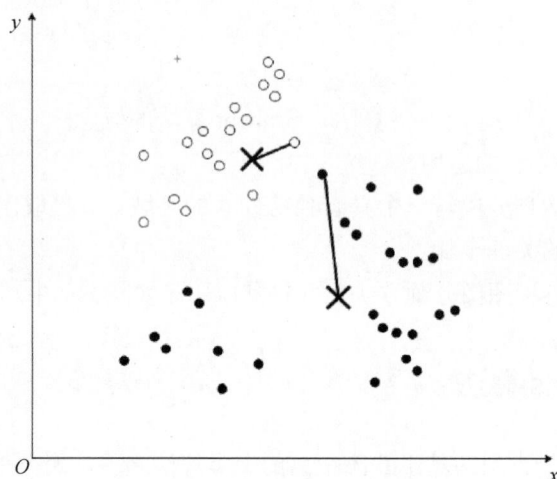

图 8-2　初始分类结果与新中心点

（4）检查收敛条件，重复步骤（2）（3）。

根据计算出的新中心点，重复以上步骤，直到中心点间的最小距离收敛、中心点不再发生显著变化，或者达到设定的迭代次数，聚类过程结束。如图 8-3 所示，经过多次迭代计算，得到最终分类结果，中心点位置也由此确定。

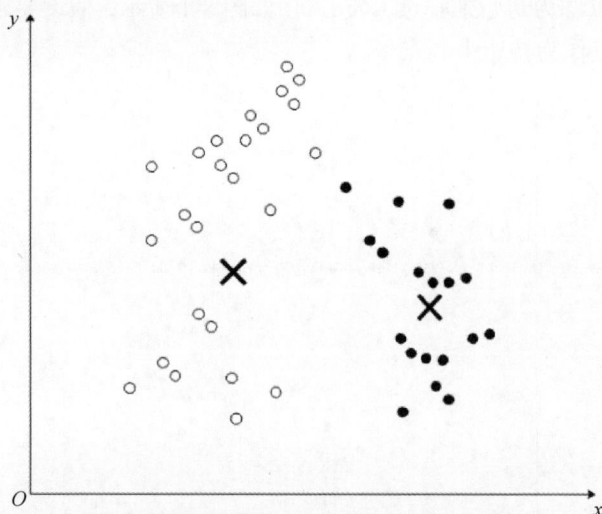

图 8-3　最终分类结果与最终中心点

8.1.2　OpenCV 中的 K-Means 算法

OpenCV 中提供了 K-Means 算法的函数。下面通过一个简单的例子来了解 OpenCV 中的 K-Means 算法。

程序如下：

```python
import numpy as np
import cv2
# 创建空白图像
frame = np.ones((500, 500, 3), np.uint8) * 255
# 生成随机范围的点集
X = np.random.randint(125, 280, (25, 2))
Y = np.random.randint(300, 485, (25, 2))
Z = np.vstack((X, Y))
Z = np.float32(Z)
# 使用 K-Means 算法获取中心点
criteria = (cv2.TERM_CRITERIA_EPS + cv2.TERM_CRITERIA_MAX_ITER, 10, 1.0)
ret, label, center = cv2.kmeans(Z, 2, None, criteria, 10, cv2.KMEANS_RANDOM_CENTERS)
# 分成 A 类点与 B 类点
A = Z[label.ravel() == 0]
B = Z[label.ravel() == 1]
for i in range(len(A)):
    cv2.circle(frame, tuple(A[i]), 3, (255, 0, 0), -1)
    cv2.circle(frame, tuple(B[i]), 3, (0, 0, 255), -1)
for center_point in center:
    cv2.circle(frame, tuple(center_point), 3, (0, 255, 255), -1)

cv2.imshow('KMeans Test', frame)
cv2.waitKey(0)
```

在上述程序中，首先创建一个空白图像，并生成随机点作为样本点，随后使用 cv2.kmeans() 函数对样本点进行分类，并生成对应的中心点，最后对点集进行可视化展示，如图 8-4 所示。

```
cv2.kmeans(data, K, bestLabels, criteria, attempts, flags) -> retval, labels, centers
```

- 第 1 个参数：NumPy 数组类型的 data，表示用于聚类的数据，形状为一行，数据类型为 float32。
- 第 2 个参数：int 类型的 K，表示划分类的数目。
- 第 3 个参数：NumPy 数组类型的 bestLabels，输入或输出的结果，表示每个样本的聚类索引。

- 第 4 个参数：tuple 类型的 criteria，表示迭代终止条件。
- 第 5 个参数：int 类型的 attempts，表示指定算法使用不同初始标签执行的次数。
- 第 6 个参数：int 类型的 flags，表示指定初始中心点的方式，具体参数如表 8-1 所示。

表 8-1　K-Means flags 常用参数

常用参数	描述
cv2.KMEANS_RANDOM_CENTERS	表示每次随机选择初始中心点，值为 0
cv2.KMEANS_USE_INITIAL_LABELS	表示使用用户自定义的初始中心点，值为 1
cv2.KMEANS_PP_CENTERS	表示使用 K-Means 算法来选择初始中心点，值为 2

- 第 1 个返回值：float 类型的 retval，表示聚类的紧密度，该值为所有样本点到其对应中心点的距离的平方和。
- 第 2 个返回值：NumPy 数组类型的 labels，表示聚类划分的结果，其中的元素代表每个样本点的聚类标签。
- 第 3 个返回值：NumPy 数组类型的 centers，表示每个类的中心点。

如图 8-4 所示，点集被分为红色点与蓝色点两类，黄色点代表这两类的中心点。

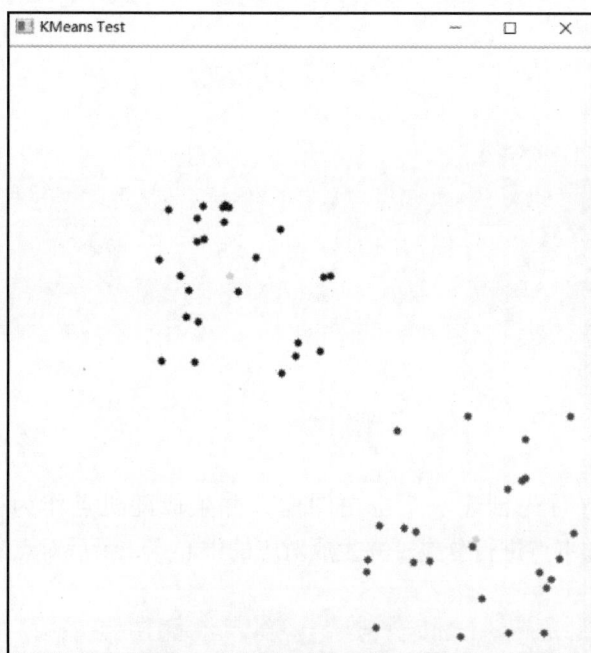

图 8-4　使用 cv2.kmeans()函数对点集进行聚类的结果

8.1.3　使用 K-Means 算法对颜色进行分割

选取一张动物的照片，并根据图像颜色进行 K-Means 分割，效果如图 8-5 所示。

图 8-5 K-Means 颜色分割效果

程序如下：

```python
import numpy as np
import cv2
image = cv2.imread('../DataSets/animal.jpg')
# 构建图像数据
data = image.reshape((-1,3))
data = np.float32(data)
criteria = (cv2.TERM_CRITERIA_EPS + cv2.TERM_CRITERIA_MAX_ITER, 10, 1.0)
k = 4
ret, label, center=cv2.kmeans(data, k, None, criteria, 10, cv2.KMEANS_
RANDOM_CENTERS)
# 对各个分类使用不同颜色进行显示
COLOR = np.uint8([[255, 0, 0],
                 [0, 0, 255],
                 [128, 128, 128],
                 [0, 255, 0]])
res = COLOR[label.flatten()]
# 显示
result = res.reshape((image.shape))
cv2.imshow('KMeans Animal',result)
cv2.imshow('Original', image)
cv2.waitKey(0)
cv2.destroyAllWindows()
```

在上述程序中，首先构建图像数据，然后将其转换为适当的形状后传入 cv2.kmeans()
函数进行聚类计算。最后，根据聚类结果中不同类别的划分，使用不同的颜色对图像进
行可视化。

8.2 分水岭算法

分水岭算法指的是根据分水岭的构成原理进行图像分割。在分水岭算法中，任意灰度图像都可以被视为地形图。其中，高亮度区域代表山峰，低亮度区域代表山谷。每个山谷被赋予不同颜色的水（标签）。当水位上升时，不同山谷可能因周围山峰的影响而开始融合。为了避免这种情况，分水岭算法会在山谷融合的地方设置障碍，直到所有山峰都被淹没，这就是图像分割的原理，也是分水岭算法的核心思想。

8.2.1 基本过程

首先，将输入图像转换为灰度图像，并进行二值化处理，接着使用形态学操作消除图像中的噪点。经过去噪处理后，再对图像进行膨胀操作，从而凸显大部分背景区域。

完成图像预处理后，采用距离变换确定前景色，从而区分背景区域与前景区域。通过计算差值，识别出未知区域，并据此获取种子。随后，通过计算二值图像的标记图像的连接组件，获得 markers，并确定前景区域。这些前景区域即为种子区域，从中开始漫水过程。在 markers 中对未知区域设置栅栏，并将背景区域加入种子区域，根据种子区域的漫水过程，找到最终的栅栏边界，从而实现分水岭变换。最后，输出处理后的图像。

我们将整个处理流程绘制成流程图，如图 8-6 所示，以便更清晰地了解该过程的顺序，有助于在后续的程序开发中正确应用。

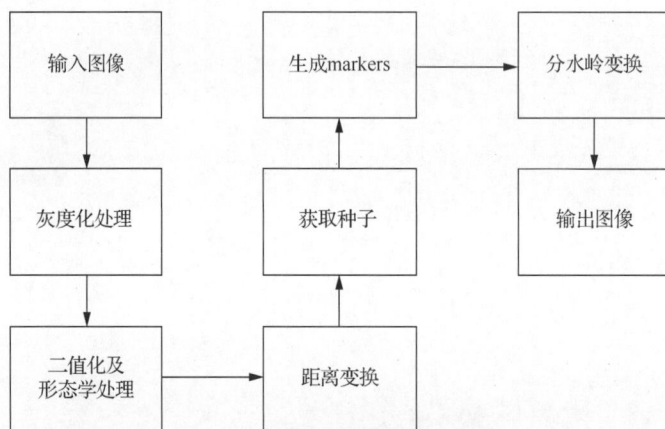

图 8-6 分水岭算法的流程图

8.2.2 分水岭图像分割算法

OpenCV 中提供了分水岭算法的函数 cv2.watershed()。接下来，我们使用该函数，并结合图 8-6 所示的基本过程，对硬币图像进行分割，效果如图 8-7 所示。

图 8-7　硬币分水岭图像分割效果

程序如下：

```python
import numpy as np
import cv2
img = cv2.imread('coin.jpg')
gray = cv2.cvtColor(img,cv2.COLOR_BGR2GRAY)                    # 灰度化处理
ret, thresh = cv2.threshold(gray,0,255,cv2.THRESH_BINARY_INV+
cv2.THRESH_OTSU)                                              # 二值化处理
kernel = np.ones((3,3),np.uint8)
opening = cv2.morphologyEx(thresh,cv2.MORPH_OPEN, kernel,
iterations = 2)                                   # 形态开运算，消除噪点
background = cv2.dilate(opening, kernel,iterations=3)     # 获取背景区域
dist_transform = cv2.distanceTransform(opening, cv2.DIST_L2, 5)
                                                         # 距离变换
ret, foreground = cv2.threshold(dist_transform, 0.7*dist_transform.max(),
255, 0)                                              # 获取前景区域
foreground = np.uint8(foreground)
unknown = cv2.subtract(background, foreground)        # 获取未知区域
ret, markers = cv2.connectedComponents(foreground)       # 生成 markers
markers = markers+1                           # 每个标签加1，确保背景不为0
markers[unknown==255] = 0                    # 设置所有未知区域为0
markers = cv2.watershed(img,markers)              # 分水岭变换
img[markers == -1] = [255, 0, 0]                  # 对栅栏边界进行绘制
cv2.imshow('WaterShed Segment',img)
```

```
cv2.waitKey(0)
cv2.destroyAllWindows()
```

上述程序首先加载图像，使用 cv2.cvtColor()函数将图像转换为灰度图像。接着使用 cv2.threshold()函数对图像进行二值化处理，获取二值图像。再使用 cv2.morphologyEx()函数对二值图像进行去噪处理，随后通过 cv2.dilate()函数膨胀图像，凸显背景区域。使用 cv2.distanceTransform()函数进行距离变换，获取前景区域，随后使用 cv2.subtract()函数将前景区域与背景区域相减，得到未知区域。之后，通过 cv2.connectedComponents()函数生成 markers，对背景区域的值进行加 1 处理以保证背景区域不为 0，同时将所有未知区域设置为 0。最后，对 markers 进行分水岭变换，得到栅栏边界并进行绘制，最终输出处理后的图像。

cv2.distanceTransform()函数用于计算二值图像的距离变换，其基本格式如下：

```
dst=cv2.distanceTransform(src, distanceType, maskSize, dstType)
```

- 第 1 个参数：NumPy 数组类型的 src，表示需要进行距离变换的二值图像。
- 第 2 个参数：int 类型的 distanceType，表示距离类型，具体参数如表 8-2 所示。

表 8-2　distanceType 常用参数

常用参数	描述
cv2.DIST_USER	表示用户自定义的距离，值为-1
cv2.DIST_L1	曼哈顿距离，值为 1
cv2.DIST_L2	欧几里得距离，值为 2
cv2.DIST_C	切比雪夫距离，值为 3
cv2.DIST_L12	L1～L2 的度量，值为 4

- 第 3 个参数：int 类型的 maskSize，表示距离变换遮罩的大小。
- 第 4 个参数：int 类型的 dstType，输出的结果，表示二维标签。
- 返回值：NumPy 数组类型的 dst，表示输出结果。

cv2.substrat()函数用于执行两个数组（图像）的减法操作，其基本格式如下：

```
dst=cv2.subtract(src1, src2, mask, dtype)
```

- 第 1 个参数：NumPy 数组类型的 src1，表示第 1 幅图像。
- 第 2 个参数：NumPy 数组类型的 src2，表示第 2 幅图像。
- 第 3 个参数：NumPy 数组类型的 mask，表示图像掩码，用于指定要更改的输出图像数组的元素，即输出图像像素只有 mask 中对应位置的元素不为 0 的部分才输出，否则该位置像素的所有通道分量都设置为 0。
- 第 4 个参数：int 类型的 dtype，表示输出数组的深度。
- 返回值：NumPy 数组类型的 dst，输出结果，表示第 1 幅图像与第 2 幅图像的差值图像。

cv2.connectedComponents()函数用于在第二值图像中检测和标记连通组件，其基本格式如下：

```
cv2.connectedComponents(image, connectivity, ltype) -> retval,labels
```

- 第 1 个参数：NumPy 数组类型的 image，表示需要标记的二值图像。
- 第 2 个参数：int 类型的 connectivity，指定连通域类型，默认是 8 连通性。
- 第 3 个参数：int 类型的 ltype，表示输出标记图像的数据类型，默认值是 CV_32S。
- 第 1 个返回值：int 类型的 retval，表示连通域的数量。
- 第 2 个返回值：NumPy 数组类型的 labels，表示连通域标记图像的输出结果，即标签的序列[0, N-1]，其中 0 代表背景标签。

cv2.watershed()函数基于形态学的分水岭算法。它通过将灰度图像视为拓扑图，并寻找山脊线来实现分割，其基本格式如下：

```
cv2.watershed(image, markers) -> markers
```

- 第 1 个参数：NumPy 数组类型的 image，表示要进行分水岭分割的图像。
- 第 2 个参数：NumPy 数组类型的 markers，表示连通域标记图像。
- 返回值：NumPy 数组类型的 markers，表示经过分水岭算法处理后的连通域标记图像。

8.3　GrabCut 算法

GrabCut 是一种基于图像中的纹理、颜色信息以及物体与背景之间的边界反差的分割算法。它仅需进行少量的用户交互操作，便可实现较为优秀的分割结果。

GrabCut 算法

8.3.1　基本过程

首先，输入图像并选择需要分割的目标矩形，将矩形范围外的部分视为背景区域，以此为基础区分矩形范围内的前景区域与背景区域。然后，进行高斯混合模型（Gaussian mixture model，GMM）训练分类，通过 GrabCut 算法，计算每一个像素点与周围像素点在颜色上的相似度，以判断该像素属于前景区域或背景区域。通过多次迭代训练，最终得到精确的分类结果，并输出。

为了便于理解，我们将上述过程绘制成流程图，如图 8-8 所示。

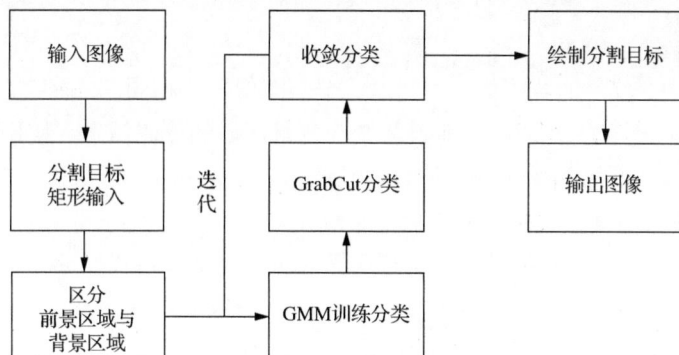

图 8-8　GrabCut 算法的流程图

8.3.2 GrabCut 算法

OpenCV 中提供了 GrabCut 算法的函数 cv2.grabCut()。接下来，我们采用该函数对动物图像进行分割，效果如图 8-9 所示。

图 8-9   用 GrabCut 算法进行图像分割的效果

程序如下：

```python
import cv2
import numpy as np
SIZE = (1, 65)
img = cv2.imread('animal.jpg')
original = img.copy()
mask = np.zeros(img.shape[:2], np.uint8)      # 初始化掩码
rect = cv2.selectROI('roi', img)
cv2.grabCut(img, mask, rect, None, None, 10, cv2.GC_INIT_WITH_RECT)
mask = np.where((mask == 2) | (mask == 0), 0, 1).astype('uint8')
img *= mask[:, :, np.newaxis]


cv2.imshow('GrabCut', img)
cv2.imshow('Original', original)
cv2.waitKey(0)
cv2.destroyAllWindows()
```

在上述程序中，首先加载图像，并创建一个与图像尺寸相同的 mask 空白掩码图像，用于后续保存 GrabCut 算法处理后的前景区域与背景区域的掩码信息。使用 cv2.selectROI() 函数选择需要进行目标分割的矩形区域，随后调用 cv2.grabCut() 函数进行图像分割。最后，根据 mask 中的掩码信息，绘制出分割后的目标。

cv2.selectROI() 函数用于在图像上交互选择 ROI，其基本格式如下：

```
cv2.selectROI(windowName, img, showCrosshair, fromCenter) -> retval
```

- 第 1 个参数：str 类型的 windowName，表示窗口的名称。

- 第 2 个参数：NumPy 数组类型的 img，表示需要选择 ROI 的图像。
- 第 3 个参数：bool 类型的 showCrosshair，表示是否需要显示交叉线。
- 第 4 个参数：bool 类型的 fromCenter，表示是否需要从中心点开始绘制。
- 返回值：tuple 类型的 retval，表示所框选的 ROI 的矩阵坐标。

cv2.grabCut()函数用于前景提取的图像分割算法，其基本格式如下：

```
cv2.grabCut(img, mask, rect, bgdModel, fgdModel, iterCount, mode)
```

- 第 1 个参数：NumPy 数组类型的 img，表示要进行图像分割的原始图像。
- 第 2 个参数：NumPy 数组类型的 mask，表示输入和输出的掩码图像，用于保存前景区域与背景区域的掩码信息。mask 中的值的位置对应像素位置，值为 0 表示背景区域，值为 1 表示前景区域，值为 2 表示可能的背景区域，值为 3 表示可能的前景区域。
- 第 3 个参数：tuple 类型的 rect，用于定义需要进行分割的图像的范围，只有该矩形范围内的图像会被算法处理。
- 第 4 个参数：NumPy 数组类型的 bgdModel，表示背景模型。如果值为 None，函数会自动创建一个模型。背景模型必须是单通道浮点型图像，尺寸必须为(1,65)。
- 第 5 个参数：NumPy 数组类型的 fgdModel，表示前景模型。如果值为 None，函数会自动创建一个模型。前景模型必须是单通道浮点型图像，尺寸必须为（1,65）。
- 第 6 个参数：int 类型的 iterCount，表示迭代次数。
- 第 7 个参数：int 类型的 mode，表示 GrabCut 算法进行的操作类型，具体参数如表 8-3 所示。

表 8-3　mode 常用参数

常用参数	描述
cv2.GC_INIT_WITH_RECT	表示使用用户提供的矩形窗口初始化 GrabCut，值为 0
cv2.GC_INIT_WITH_MASK	表示使用用户提供的掩码图像初始化 GrabCut，值为 1
cv2.GC_EVAL	表示 GrabCut 重新开始执行，值为 2
cv2.GC_EVAL_FREEZE_MODEL	表示 GrabCut 只使用固定模型运行，值为 3

8.4　小结

本章介绍了 K-Means 算法、分水岭算法及 GrabCut 算法在图像分割中的应用。K-Means 算法通过度量样本间的相似度，迭代更新聚类中心。当聚类中心不再移动或距离收敛时，即完成样本分类，实现不同区域的分割。分水岭算法通过模拟漫水过程获取栅栏边界，从而实现前景区域与背景区域的分割。GrabCut 算法利用图像中的纹理、颜色信息以及物体与背景的边界反差实现图像分割。在每节最后，我们都运用相应的算法对图像进行分割，以掌握它们在 OpenCV 中的使用方法。

习题

1. 假定我们需要对 n 个样本进行观测聚类，并且要求聚为 4 类，则需要选择_____个点作为初始中心点。

2. K-Means 算法的计算函数是（　　　）。

    A. cv2.kmeans()

    B. cv2.k_means()

    C. cv2.kmeans.compute()

    D. cv2.kmeans.create()

3. 下列选项正确描述了分水岭算法基本过程的是（　　　）。

    A. 灰度化处理—二值化处理—距离变换—获取种子—生成 markers—分水岭变换

    B. 二值化处理—灰度化处理—获取种子—距离变换—生成 markers—分水岭变换

    C. 二值化处理—灰度化处理—获取种子—分水岭变换—距离变换—生成 markers

    D. 二值化处理—灰度化处理—分水岭变换—获取种子—距离变换—生成 markers

4. 分水岭算法的计算函数是（　　　）。

    A. cv2.watershed()

    B. cv2.watershed.compute()

    C. cv2.watershed.create()

    D. cv2.watershed_create()

5. GrabCut 算法利用图像中的_____或_____信息和物体与背景边界反差信息，只需进行少量的用户交互操作，即可实现比较好的分割结果。

6. GrabCut 算法的计算函数是（　　　）。

    A. cv2.GrabCut()

    B. cv2.grabCut()

    C. cv2.grabCut.create()

    D. cv2.grabCut.compute()

7. 利用本章所学的三种算法，对 cat.jpg 图像中的猫进行分割，并框选标记出来。

第 9 章 目标检测与识别

学习目标

- 掌握目标检测与识别的相关知识。
- 掌握 HOG 特征提取的相关知识。
- 掌握模型的训练与运用检测的概念。

在第 7 章中，我们检测图像主要特征，并通过单应性变换来判断这些特征是否存在于另一幅图像中。而目标检测与识别则是通过遍历检测图像的各个区域，查找感兴趣对象，并在检测到感兴趣对象的区域中对该对象进行识别。

本章将首先介绍 OpenCV 中进行目标检测的方法，然后利用相关技术实现猫和狗的目标检测与识别。

9.1 目标检测

要实现目标检测，我们首先需要了解其涉及的相关技术，如 HOG（Histogram of Oriented Gradient，方向梯度直方图）、SVM（Support Vector Machine，支持向量机）以及 NMS（Non-Maximum Suppression，非极大值抑制）。

9.1.1 HOG 技术

HOG 是一种用于图像特征提取的技术。HOG 并不通过颜色值来计算直方图，而通过计算和统计图像局部区域的梯度方向来构建特征。

使用 HOG 技术进行特征提取，首先要对图像进行灰度化处理。因为灰度图像只有一个通道，梯度计算相对简单。接着，计算每一个像素点的梯度值，得到梯度图，如图 9-1 所示。

计算水平梯度与竖直梯度，可得到水平梯度为 80（150-70），竖直梯度为 60（110-50）。图 9-2 所示为处理过的水平梯度图与竖直梯度图。

将图像划分为若干个小的单元格（通常是 8 像素×8 像素的块）。在每个单元格内，计算梯度方向的直方图。直方图将梯度方向分为多个区间（例如 9 个区间），并统计每个区间内的梯度大小，如图 9-3 所示。

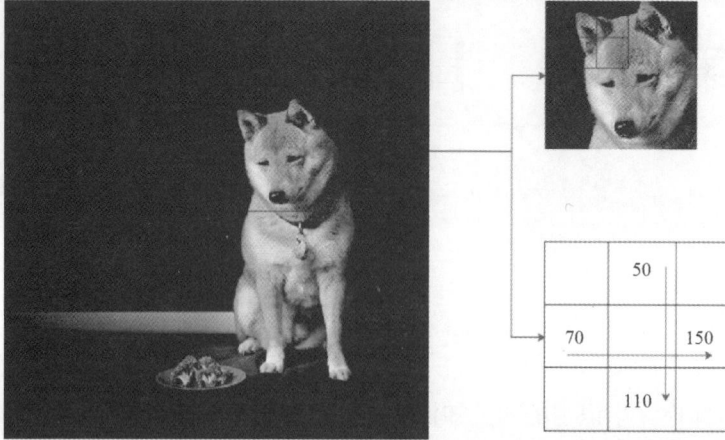

图 9-1　HOG 梯度计算

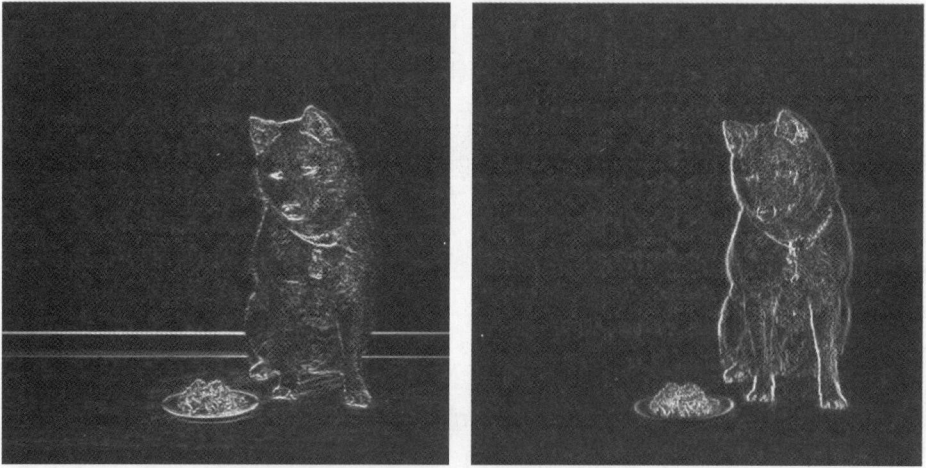

图 9-2　水平梯度图（左）和竖直梯度图（右）

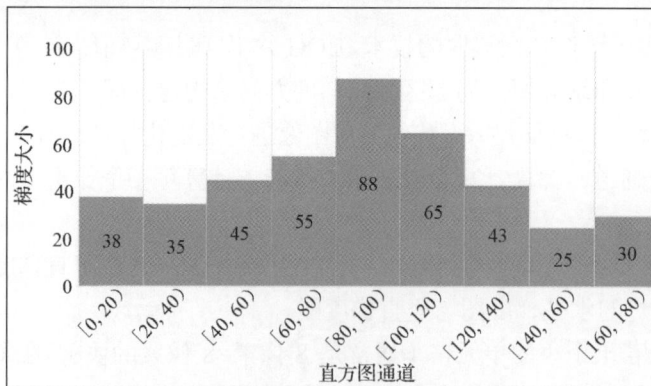

图 9-3　方向梯度直方图

　　用上述方法对图像中所有的单元格进行处理，并将相邻的单元格组合成为更大的块。将所有块的特征向量串联起来，即可获得我们所需的 HOG 特征图，如图 9-4 所示。

图 9-4 HOG 特征图

HOG 技术非常强大，它可以被用于边缘和形状检测、目标检测、图像识别任务、纹理分析。

9.1.2 SVM 技术

SVM 技术用于解决支持分类和回归问题。我们使用 SVM 对带有标签的训练数据集进行分类，如图 9-5 所示，在一个平面坐标系中对所有数据进行分类，实心圆与空心圆分别代表不同的类别，它们显然是线性可分的。黑色实线为决策边界，对应一个线性分类器，它能够将这两种不同类别分出来。

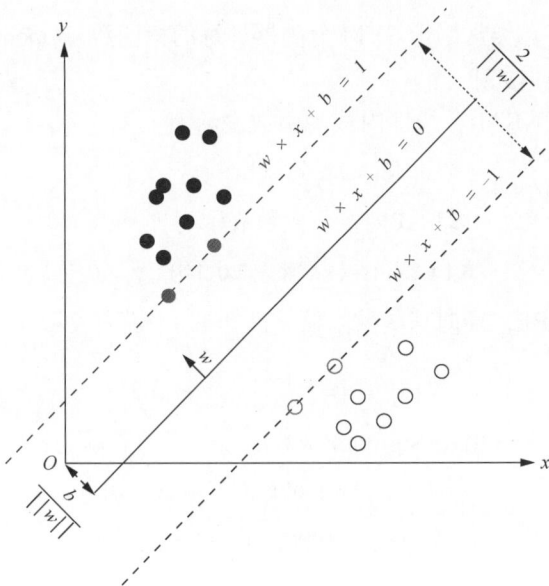

SVM 技术

图 9-5 线性可分 SVM

在大多数情况下，数据并不是线性可分的。为了处理这种情况，SVM 使用了核函数（kernel function）进行数据转换。核函数是一种将原始空间中的向量作为输入向量，返回特征空间中向量的标量积的函数。核函数通常表示为：

$$K\left(x_i, x_j\right) = \left[f\left(x_i\right), f\left(x_j\right)\right] \tag{9.1}$$

其中，$K()$ 为核函数，x_i 和 x_j 是 n 维输入值，$f()$ 是从 n 维到 m 维的映射函数。

通过选用恰当的核函数，我们可以将低维空间的线性不可分类问题转化为高维空间的线性可分问题，进而可以在高维空间找到分类的最优边界（超平面），如图 9-6 所示。

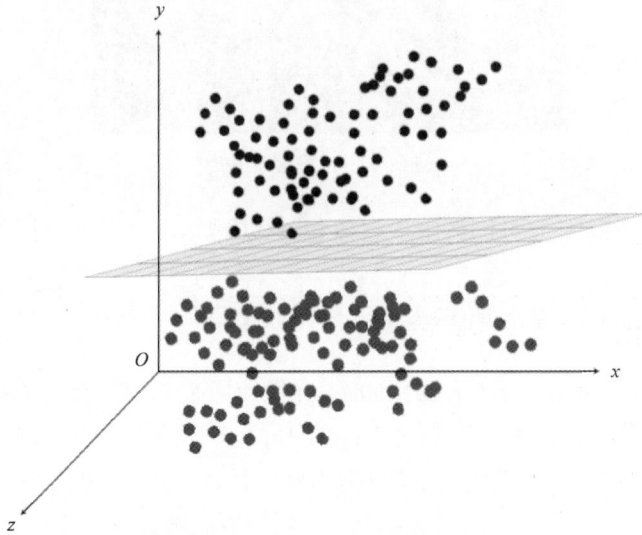

图 9-6　三维空间中的最优边界

在机器学习中，有几类常用于 SVM 分类器训练的核函数，OpenCV 中的 SVM 模块也自带这几类核函数，具体如下。

- cv2.ml.SVM_LINEAR，线性内核。函数表示为：

$$K\left(x_i, x_j\right) = x_i^{\mathrm{T}} x_j \tag{9.2}$$

- cv2.ml.SVM_POLY，多项式内核。函数表示为：

$$K\left(x_i, x_j\right) = (\gamma x_i^{\mathrm{T}} x_j + \mathrm{coef}0)^{\mathrm{d}}, \gamma > 0 \tag{9.3}$$

- cv2.ml.SVM_RBF，径向基函数内核（高斯核）。函数表示为：

$$K\left(x_i, x_j\right) = \mathrm{e}^{-\left(\gamma \left\|x_i - x_j\right\|^2\right)}, \gamma > 0 \tag{9.4}$$

- cv2.ml.SVM_SIGMOID，Sigmoid 函数内核。函数表示为：

$$K\left(x_i, x_j\right) = \tanh(\gamma x_i^{\mathrm{T}} x_j + \mathrm{coef}0) \tag{9.5}$$

- cv2.ml.SVM_CHI2，指数内核。函数表示为：

$$K\left(x_i, x_j\right) = \mathrm{e}^{-\gamma \frac{\left(x_i - x_j\right)^2}{x_i + x_j}}, \gamma > 0 \tag{9.6}$$

- cv2.ml.SVM_INTER，直方图交叉核。函数表示为：

$$K\left(x_i, x_j\right) = \min(x_i, x_j) \tag{9.7}$$

9.1.3　NMS 技术

NMS 技术的作用就是抑制非极大值元素，它是对图像数据进行局部最大搜索的一种技术。

如图 9-7 所示，在进行行人检测时，滑动探测器通过滑动提取 HOG 特征，并且经过分类器分类识别后，每个窗口会得到一个分数。但是滑动探测器可能会导致图像中某些窗口与其他窗口存在包含关系，这时就需要利用 NMS 技术来选取邻域里分数最高的窗口，并且抑制其他分数低的窗口。

NMS 技术

图 9-7　行人检测 NMS 处理前（左）后（右）对比

9.1.4　行人检测

OpenCV 中提供了 HOG 特征提取函数 cv2.HOGDescriptor()。下面将使用该函数完成行人检测，并对行人进行标记框选，效果如图 9-8 所示。

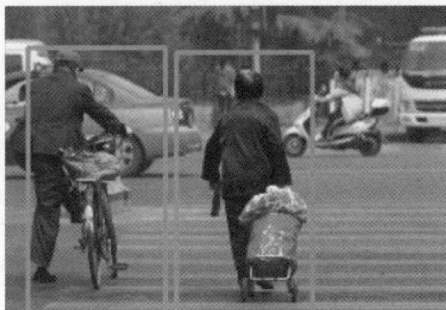

行人检测

图 9-8　行人检测效果

程序如下：

```
import cv2
import numpy as np
from imutils.object_detection import non_max_suppression
images_path = '_person.jpg'
# 调用 cv2.HOGDescriptor() 函数并使用 OpenCV 自带的 SVM 分类器
```

```
def hog_clf():
    winSize = (64, 128)
    blockSize = (16, 16)
    blockStride = (8, 8)
    cellSize = (8, 8)
    nbins = 9
    hog = cv2.HOGDescriptor(winSize, blockSize, blockStride, cellSize, nbins)
    hog.setSVMDetector(cv2.HOGDescriptor_getDefaultPeopleDetector())
    return hog
# 利用 cv2.HOGDescriptor().detectMultiScale()函数检测图像中的行人并框选
def detect_image(hog, images_path):
    image = cv2.imread(images_path)
    # 缩小图像
    image_height = int(image.shape[0] * 0.4)
    image_width = int(image.shape[1] * 0.4)
    image = cv2.resize(image, (image_width, image_height))
    # 加载图像并进行检测
    (rects, weights) = hog.detectMultiScale(image, winStride=(1, 1),
padding=(8, 8), scale=1.35)
    # 非极大值抑制处理
    rects = np.array([[x, y, x + w, y + h] for (x, y, w, h) in rects])
    pick = non_max_suppression(rects, probs=None, overlapThresh=0.65)
    # 处理完成后进行可视化绘制
    for (xA, yA, xB, yB) in pick:
        cv2.rectangle(image, (xA, yA), (xB, yB), (0, 255, 0), 2)
    cv2.imshow("Pedestrian Detection", image)
    cv2.waitKey(0)
    cv2.destroyAllWindows()

hog = hog_clf()
detect_image(hog, images_path)
```

在上述程序中，首先调用 OpenCV 自带的 cv2.HOGDescriptor()函数，并使用 OpenCV 自带的、已经训练好的 SVM 分类器进行图像检测。在进行图像检测前，对图像进行预处理和缩放，之后使用 cv2.HOGDescriptor().detectMultiScale()函数进行行人检测。检测完成后，对检测结果进行非极大值抑制处理。最后，将处理后的检测结果可视化。

cv2.HOGDescriptor()函数用于创建图像的 HOG 特征描述符实例，其基本格式如下：

```
cv2.HOGDescriptor(winSize, blockSize, blockStride, cellSize, nbins)
```

- 第 1 个参数：tuple 类型的 winSize，表示遍历图像的每个滑动探测器窗口的大小。

- 第 2 个参数：tuple 类型的 blockSize，表示每个滑动探测器窗口里的块大小。
- 第 3 个参数：tuple 类型的 blockStride，表示每个块的滑动增量。
- 第 4 个参数：tuple 类型的 cellSize，表示每个块中的胞元大小。
- 第 5 个参数：tuple 类型的 nbins，表示每个胞元中统计梯度的方向数目。

cv2.HOGDescriptor().detectMultiScale() 函数用于在图像中检测不同尺度的对象，其基本格式如下：

```
cv2.HOGDescriptor().detectMultiScale(img, hitThreshold, winStride, padding,
scale, finalThreshold, useMeanshiftGrouping) -> foundLocations, foundWeights
```

- 第 1 个参数：NumPy 数组类型的 img，表示要进行检测的图像。
- 第 2 个参数：float 类型的 hitThreshold，控制 HOG 特征与 SVM 最优超平面之间的最大距离。当距离小于这个阈值时，判定为包含目标。
- 第 3 个参数：tuple 类型的 winStride，表示 HOG 滑动探测器窗口的滑动增量。
- 第 4 个参数：tuple 类型的 padding，表示为图像的边缘添加像素。
- 第 5 个参数：float 类型的 scale，控制图像金字塔的层数，参数越小，层数越多。
- 第 6 个参数：float 类型的 finalThreshold，表示检测结果的聚类参数。
- 第 7 个参数：bool 类型的 useMeanshiftGrouping，表示是否应用 Meanshift 算法消除重叠，默认值为 False。
- 第 1 个返回值：NumPy 数组类型的 foundLocations，表示检测到的目标的位置。
- 第 2 个返回值：NumPy 数组类型的 foundWeights，表示检测到的目标的权重。

9.2　猫狗目标检测

在 9.1 节中，我们了解了 HOG 技术、SVM 技术、NMS 技术等内容，并且通过简单的行人检测程序，了解了如何将以上内容结合使用，实现行人检测功能。接下来，我们将运用以上内容完成一个猫狗目标检测的项目程序，从训练猫狗目标检测模型开始，最终使用该模型实现对猫狗的目标检测。

9.2.1　程序概述

在本小节中，我们将对猫和狗进行识别与检测。

我们将程序分为猫狗识别模块和猫狗检测模块。识别与检测的流程为：首先分别获取猫和狗的 HOG 特征，将其保存在各自的特征文件夹中，再使用 SVM 进行训练并保存训练参数，最后使用这个训练好的 SVM 模型进行测试，以验证其识别效果。

猫狗目标检测程序的项目结构如下。

```
object_detection
    detector.py
    train_and_test.py
    obtain_hog.py
```

```
|    hog.py
|
├──test
|       cat0.feat
|       …
|       dog0.feat
|       …
├──train
|       cat0.feat
|       …
|       dog0.feat
|       …
└──DataSets
```

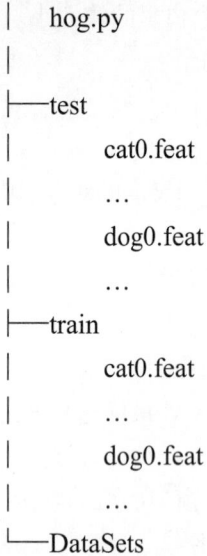

上述项目结构中，detector.py 为猫狗检测模块，train_and_test.py 为猫狗识别模块，obtain_hog.py 为猫狗数据集 HOG 特征提取模块，hog.py 为 HOG 特征描述符模块。test、train 文件夹中分别存放猫、狗的 HOG 特征，这些数据用于猫狗目标检测程序中的训练与测试。DataSets 文件夹用于存放猫狗的数据集。

9.2.2 猫狗特征提取与识别

猫狗识别模块从 DataSets 文件夹中采集猫狗数据，并使用 HOG 技术对采集到的猫狗数据进行特征提取，将提取到的 HOG 特征分别存储到 test 与 train 文件夹中，利用这些 HOG 特征进行 SVM 训练。

1. HOG 特征提取

在进行猫狗识别时，首先需要先计算出猫狗的 HOG 特征，再提取。下面先讲解 HOG 特征描述符模块的程序。

程序如下：

```python
import cv2


# 初始化
def hog_clf():
    winSize = (32, 64)
    blockSize = (16, 16)
    blockStride = (8, 8)
    cellSize = (8, 8)
    nbins = 9
    hog = cv2.HOGDescriptor(winSize, blockSize, blockStride, cellSize,
nbins)
```

```
        return hog


# 计算 HOG 特征
def computeHog(hog, img, wsize=(100, 128)):
    if img.shape[1] >= wsize[1] and img.shape[0] >= wsize[0]:
        y = img.shape[0] - wsize[0]
        x = img.shape[1] - wsize[1]
        h = img.shape[0]
        w = img.shape[1]
        roi = img[y: y + h, x: x + w]
        winStride = (8, 8)
        padding = (8, 8)
        locations = ((0, 0),)
        feature = hog.compute(roi, winStride,padding,locations)
    return feature
```

在上述程序中，首先进行的初始化是指创建一个用于描述图像特征的 HOG 描述符对象 cv2.HOGDescriptor()，并对其各项参数进行配置。这些参数决定了如何计算 HOG 特征。初始化阶段的配置对计算、提取 HOG 特征的效果和性能有很大的影响。computeHog()函数用于计算 HOG 特征。HOG 特征描述符模块为猫狗识别模块和猫狗检测模块提供了 HOG 特征的相关参数。

cv2.HOGDescriptor 的 compute()方法用于计算 HOG 特征描述符，其基本格式如下：

```
compute(img,winStride,padding,locations) -> descriptors
```

- 第 1 个参数：NumPy 数组类型的 img，表示需要计算 HOG 特征描述符的图像。
- 第 2 个参数：tuple 类型的 winStride，表示 HOG 滑动探测器窗口的滑动增量，必须为 cv2.HOGDescriptor()函数中的 blockStride 的倍数。
- 第 3 个参数：tuple 类型的 padding，表示为图像的边缘添加像素。
- 第 4 个参数：tuple 类型的 locations，表示点的坐标。对于正样本，可以直接取(0,0)；对于负样本，为随机生成的合理坐标范围内的点坐标。
- 返回值：NumPy 数组类型的 descriptors，表示 HOG 特征描述符的计算结果。

了解完 HOG 特征描述符模块后，我们接着学习 HOG 特征提取模块。程序如下：

```
import cv2
import os
import joblib
import shutil
from hog import hog_clf, computeHog


# 训练集路径
```

```python
train_image_path = '../DataSets/archive/training_set/training_set'
# 测试集路径
test_image_path = '../DataSets/archive/test_set/test_set'
image_height = 100
image_width = 128
train_feat_path = 'train/'
test_feat_path = 'test/'
CAT = 'cat'
DOG = 'dog'
# 训练与测试样例的数量
train_example = 4000
test_example = 200
# 获取 HOG 特征
def obtain_feat(image_list, label_list, savePath):
    i = 0
    for image in image_list:
        try:
            # 更改图像大小
            image = cv2.resize(image, (image_width, image_height))
        except:
            print('发送了异常，图像尺寸 size 不满足要求', i+1)
            continue
        image = cv2.cvtColor(image, cv2.COLOR_BGR2GRAY)
        fd = computeHog(hog_clf(), image)
        fd_name = (CAT if label_list[i] == -1 else DOG) + str(i) + '.feat'
        fd_path = os.path.join(savePath, fd_name)
        joblib.dump([fd,label_list[i]], fd_path)
        i += 1
    print("%s features are extracted and saved." % savePath)
# 加载图像
def cv2_read_images(method, filePath, test_samples):
    image_list, image_label = [], []
    start = 0 if method == 'train' else 4000
    for index in range(start, start + test_samples):
        cat_path = filePath % (CAT+'s', CAT, index+1)
        dog_path = filePath % (DOG+'s', DOG, index+1)
        image_list.append(cv2.imread(cat_path))
```

```
            image_list.append(cv2.imread(dog_path))
            image_label.append(-1)
            image_label.append(1)
    return image_list, image_label
# 提取特征
def extra_feat():
    trainFilePath = train_image_path + '/%s/%s.%i.jpg'
    testFilePath = test_image_path + '/%s/%s.%i.jpg'
    train_image_list, train_image_label = cv2_read_images('train',
trainFilePath, train_example)
    test_image_list, test_image_label = cv2_read_images('test', testFilePath,
test_example)
    obtain_feat(train_image_list, train_image_label, train_feat_path)
    obtain_feat(test_image_list, test_image_label, test_feat_path)
# 创建存放特征与模型的文件夹
def mkdir():
    if os.path.exists(train_feat_path):
        shutil.rmtree(train_feat_path)
    os.mkdir(train_feat_path)
    if os.path.exists(test_feat_path):
        shutil.rmtree(test_feat_path)
    os.mkdir(test_feat_path)
if __name__ == '__main__':
    mkdir()  # 不存在文件夹就创建
    extra_feat()  # 获取特征并保存在文件夹
```

在上述程序中，首先判断数据特征文件与模型文件是否存在。如果存在则清空文件，确保每次运行程序时都能够重新提取数据的特征。使用 cv2_read_images()函数读取数据集文件及数据标签，并将它们存入列表中。接着，对这些图像进行批量灰度化处理，并提取 HOG 特征。最后，使用 joblib 库中的 joblib.dump()函数将猫狗数据的 HOG 特征存储至指定路径。这一操作便于后续训练模型时快速读取数据，节省了提取 HOG 特征的时间。

2. 训练模型

完成提取猫狗数据的 HOG 特征后，在猫狗识别模块中使用 HOG 特征进行模型训练。程序如下：

```
import glob
import cv2
import numpy as np
```

```
import os
import joblib

# 标签
label_map = {-1: 'cat', 1: 'dog'}
symbol = '\\'
train_feat_path = 'train/'
test_feat_path = 'test/'
model_path = 'model/'
def get_empty_svm():
    svm = cv2.ml.SVM_create()
    svm.setKernel(cv2.ml.SVM_LINEAR)
    svm.setType(cv2.ml.SVM_C_SVC)
    svm.setC(5)
    return svm
# SVM 训练和测试
def train_and_test():
    features = []
    labels = []
    correct_number = 0
    total = 0
    for feat_path in glob.glob(os.path.join(train_feat_path, '*.feat')):
        data = joblib.load(feat_path)
        features.append(data[0])
        labels.append(data[1])
    print("Training a Linear LinearSVM Classifier.")
    # 初始化 SVM 模型
    clf = get_empty_svm()
    # 训练模型
    clf.train(np.array(features,  dtype='float32'),  cv2.ml.ROW_SAMPLE,
np.array(labels))
    # 保存模型
    clf.save(model_path+'model')
    print("Model was saved.")
    # 测试
    result_list = []
    for feat_path in glob.glob(os.path.join(test_feat_path, '*.feat')):
        total += 1
```

```
            image_name = feat_path.split(symbol)[1].split('.feat')[0]
            # 加载模型
            data_test = joblib.load(feat_path)
            data_test_feat = np.array([data_test[0]], dtype='float32')
            _,result = clf.predict(data_test_feat)
            print("Test %s is : %s" % (image_name, label_map[int(result[0][0])]))
            result_list.append(image_name + ' ' + label_map[int(result[0][0])]
+ '\n')
            if int(result[0][0]) == int(data_test[-1]):
                correct_number += 1
        print("Test was finished.")
        rate = float(correct_number) / total
        print('Accuracy is : %f' % rate)
    if __name__ == '__main__':
        train_and_test()   # 训练并测试
```

上述程序中，首先通过 joblib.load()函数读取训练集特征文件夹中的所有文件，并创建 SVM 模型，利用训练集中的 HOG 特征对 SVM 模型进行训练。训练完成后，保存模型并对其进行测试。提取测试集特征文件夹中的所有文件，使用训练好的 SVM 模型进行测试并返回测试结果，最后计算测试结果并输出准确率。

cv2.ml.SVM_create()函数用于创建 SVM 实例，其基本格式如下：

```
cv2.ml.SVM_create().setKernel(kernelType)
```

- 参数：int 类型的 kernelType，表示设置或获取 SVM 核函数类型，默认值为 cv2.ml.SVM_RBF。SVM 核函数类型如表 9-1 所示。

表9-1　SVM 核函数类型

SVM 核函数类型	描述
cv2.ml.SVM_CUSTOM	按照当前的 kernelType 进行设置，值为-1
cv2.ml.SVM_LINEAR	线性内核，值为 0
cv2.ml.SVM_POLY	多项式内核，值为 1
cv2.ml.SVM_RBF	径向基函数核，值为 2
cv2.ml.SVM_SIGMOID	Sigmoid 函数内核，值为 3
cv2.ml.SVM_CHI2	指数核，值为 4
cv2.ml.SVM_INTER	直方图交叉核，值为 5

在 SVM 核函数中，选择不同的核函数，通常需要对参数进行相应调整，以实现线性可分。SVM 核函数的参数相关函数如表 9-2 所示。

表 9-2　SVM 核函数的参数相关函数

SVM 核函数的参数相关函数	描述
cv2.ml.SVM_create().setGamma/ cv2.ml.SVM_create().getGamma(val)	设置/获取核函数的 γ 参数，默认值为 1
cv2.ml.SVM_create().setCoef0/ cv2.ml.SVM_create().getCoef0(val)	设置/获取核函数的 coef0 参数，默认值为 0
cv2.ml.SVM_create().setDegree/ cv2.ml.SVM_create().getDegree(val)	设置/获取核函数的 degree 参数，默认值为 0

在 OpenCV 中，cv2.ml.SVM_create()函数是用来创建一个 SVM 模型，setType(val)方法用于设置 SVM 的类型，即选择不同的 SVM 实现。

cv2.ml.SVM_create().setType()函数基本格式如下：

```
cv2.ml.SVM_create().setType(val)
```

- 参数：int 类型的 val，表示设置 SVM 类型，默认值为 cv2.ml.SVM_C_SVC。SVM 类型如表 9-3 所示。

表 9-3　SVM 类型

SVM 类型	描述
cv2.ml.SVM_C_SVC	C 类支持向量机。n 类分组（$n \geq 2$），允许使用惩罚因子 C 对异常值进行不完全分类。值为 100
cv2.ml.SVM_NU_SVC	υ 类支持向量机。可能存在不完全分离，参数 υ 在[0,1]范围内，值越大，决策边界越平滑。值为 101
cv2.ml.SVM_ONE_CLASS	单类支持向量机，所有的训练数据都来自同一个类，SVM 构建了一个边界，将该类在特征空间中所占区域与其他类在特征空间中所占区域进行区分。值为 102
cv2.ml.SVM_EPS_SVR	ε 类支持向量回归。训练集中的特征向量和拟合出来的超平面之间的距离必须小于 p。对于异常值，则采取使用惩罚因子 C。值为 103
cv2.ml.SVM_NU_SVR	υ 类支持向量回归。υ 代替 p。值为 104

在 SVM 的不同类型中，需要针对各自的优化问题调整参数，以优化 SVM 的性能。SVM 优化问题的参数相关函数如表 9-4 所示。

表 9-4 SVM 优化问题的参数相关函数

SVM 优化问题的参数相关函数	描述
cv2.ml.SVM_create().setC/ cv2.ml.SVM_create().getC(val)	设置/获取 SVM 优化问题的 C 参数，适用类型： C_SVC、EPS_SVR、NU_SVR。默认值为 0
cv2.ml.SVM_create().setNu/ cv2.ml.SVM_create().getNu(val)	设置/获取 SVM 优化问题的 υ 参数，适用类型： NU_SVC、ONE_CLASS、NU_SVR。默认值为 0
cv2.ml.SVM_create().setP/ cv2.ml.SVM_create().getP(val)	设置/获取 SVM 优化问题的 ε 参数，适用类型为 EPS_SVR，默认值为 0

get_empty_svm()函数是自定义的函数，用于创建一个空的 SVM，用于分类或回归问题。train()方法用于训练 SVM 模型，基本格式如下：

```
get_empty_svm().train(samples, layout, responses) -> retval
```

- 第 1 个参数：NumPy 数组类型的 samples，表示训练样本。
- 第 2 个参数：int 类型的 layout，表示训练样本的类型，具体如表 9-5 所示。
- 第 3 个参数：NumPy 数组类型的 responses，表示训练样本对应的结果标签。
- 返回值：bool 类型的 retval，表示模型训练是否完成。

表 9-5 训练样本的类型

训练样本的类型	描述
cv2.ml.ROW_SAMPLE	表示每个训练样本都为一行样本数据的形式，值为 0
cv2.ml.COL_SAMPLE	表示每个训练样本都占用一列样本数据的形式，值为 1

get_empty_svm().save()方法用于保存模型文件，基本格式如下：

```
get_empty_ svm().save(filename)
```

- 参数：str 类型的 filename，表示模型保存路径与模型文件名。

get_empty_svm().predict()方法用于预测结果，基本格式如下：

```
get_empty_ svm().predict(samples, results, flags) -> retval, results
```

- 第 1 个参数：NumPy 数组类型的 samples，表示输入样本，数据格式必须和训练样本的一致。
- 第 2 个参数：NumPy 数组类型的 results，表示输入样本的测试结果，默认值为 None。
- 第 3 个参数：flags，表示返回结果类型。当参数设置为 cv2.ml.STAT_MODEL_RAW_OUTPUT 时，返回参数 results 为预测的评分。默认值为 None。
- 第 1 个返回值：float 类型的 retval，不采用。
- 第 2 个返回值：NumPy 数组类型的 results，表示输出对应样本的预测结果。

3. 猫狗检测

猫狗检测模块负责加载训练好的 SVM 模型，并使用该模型对猫狗图像进行 HOG 特征提取，进而进行预测与猫狗区域定位。猫的识别效果如图 9-9 所示。

图 9-9　猫的识别效果

程序如下：

```
import cv2
import numpy as np
from imutils.object_detection import non_max_suppression
from hog import hog_clf, computeHog
DOG = 'Dog'
CAT = 'Cat'
image_height = 100
image_width = 128
model_path = 'model/'
font = cv2.FONT_HERSHEY_PLAIN
# 获取 SVM 参数
def get_svm_detector(svm):
    svmvec = svm.getSupportVectors()[0]
    rho = -svm.getDecisionFunction(0)[0]
    svmvec = np.append(svmvec, rho)
    # 返回支持向量和决策函数系数的一个数组
    return svmvec
def visualization(testPath):
    img = cv2.imread(testPath)
    img = cv2.resize(img, (image_width, image_height))
    grey = cv2.cvtColor(img, cv2.COLOR_BGR2GRAY)
    # 加载模型
    clf = cv2.ml.SVM_load(model_path+'model')
    hog = hog_clf()
```

```
        hog.setSVMDetector(get_svm_detector(clf))
        (rects, weights) = hog.detectMultiScale(grey, winStride=(4, 4),
padding=(8, 8), scale=1.1)
        rects = np.array([[x, y, x + w, y + h] for (x, y, w, h) in rects])
        pick = non_max_suppression(rects, probs=None, overlapThresh=0.65)
        for (xA, yA, xB, yB) in pick:
            feature = np.array([computeHog(hog, grey[yA:yB,xA:xB], (yB-yA,
xB-xA))], dtype='float32')
            _, result = clf.predict(feature)
            cv2.putText(img, '%s' % (CAT if result == -1 else DOG), (xA, yA), font,
0.8, (0, 255, 0))
            cv2.rectangle(img, (xA, yA), (xB, yB), (0, 255, 0), 2)
        cv2.imshow('ObjectDetection_Cat&Dog', img)
        cv2.waitKey(0)
        cv2.destroyAllWindows()
    if __name__ == '__main__':
        cat = '../DataSets/archive/cat.jpg'
        visualization(cat)
```

在上述程序中，首先加载需要进行检测的图像，并对其进行缩放与灰度化处理。然后使用
cv2.ml.SVM_load()函数加载训练好的 SVM 模型，并初始化。通过 svm.getSupportVectors()函数
与 svm.getDecisionFunction()函数获取 SVM 模型的支持向量与决策函数系数，从而设置
HOG 的 SVM 分类器。完成设置后，采用 hog.clf.detectMultiScale()函数对图像进行检测，
并进行非极大值抑制处理。最后将检测结果可视化。

在 OpenCV 中，cv2.ml.SVM 对象的 getDecisionFunction()方法用于获取训练好的 SVM
模型的决策函数参数，基本格式如下：

```
getDecisionFunction(i) -> retval, alpha, svidx
```

• 参数：int 类型的 i，表示决策函数的索引。对于回归、单分类或者二分类问题，只
有一个决策函数，则索引应为 0。否则，对于 N 分类问题，有多个决策函数，每个函数对
应一个类别，索引从 0 到 N-1。

• 第 1 个返回值：float 类型的 retval，表示 SVM 的决策函数中的 rho 参数，即偏移量。

• 第 2 个返回值：NumPy 数组类型的 alpha，表示每个支持向量对应的参数 α。

• 第 3 个返回值：NumPy 数组类型的 svidx，表示每个支持向量的索引。

至此，我们完成了一个猫狗检测与识别程序。

9.3　小结

在本章的学习过程中，我们通过完成行人检测以及猫狗检测与识别的程序，对目标检

测与识别技术有了基本了解。首先加载图像并提取数据的 HOG 特征，接着利用数据的 HOG 特征进行 SVM 模型训练，最后用训练完成后的模型进行图像的目标检测与识别。

习题

1. HOG 在计算直方图时并不通过颜色值，而通过图像局部区域的_____方向进行计算和统计，从而构建特征。

2. SVM 用于解决支持_____和_____问题。

3. SVM 的线性内核函数是（　　　）。

 A. cv2.ml.SVM_LINEAR

 B. cv2.ml.SVM_POLY

 C. cv2.ml.SVM_SIGMOID

 D. cv2.ml.SVM_RBF

4. NMS 的作用就是抑制不是极大值的元素，也是对图像数据的_____最大搜索。

5. 用于创建提取图像 HOG 特征的实例的函数是（　　　）。

 A. cv2.HOGDescriptor_create()

 B. cv2.HOGDescriptor.create()

 C. cv2.HOGDescriptor()

 D. cv2.Hog_Descriptor()

6. 用于为 HOG 特征的实例设置 SVM 分类器的函数是（　　　）。

 A. hog.setSVMDetector()

 B. hog.set()

 C. hog.SVM()

 D. hog.setSVM()

7. 用于对 HOG 特征的实例进行目标检测的函数是（　　　）。

 A. hog.detectMultiScale()

 B. hog.objectDectect()

 C. hog.detect()

 D. hog.predict()

8. 用于创建 SVM 分类器实例的函数是（　　　）。

 A. cv2.ml.SVM.create()

 B. cv2.ml.SVM_create()

 C. cv2.ml.SVM()

 D. cv2.SVM()

9. 请对 Images of Deer for SVM classifier 数据集进行 HOG 特征提取，然后利用这些特征进行 SVM 训练，最后使用训练完成的模型对鹿进行检测。

第 ⑩ 章　目标跟踪

学习目标

- 掌握背景差分法的概念及应用。
- 掌握目标检测与跟踪的各种算法。
- 掌握用卡尔曼滤波器对目标进行预测的方法。

在第 9 章我们对目标检测进行了学习与应用，在本章我们将学习目标跟踪。首先需要明确目标跟踪与目标检测的区别。目标检测是对图像中感兴趣的目标进行检测与识别，而目标跟踪是在连续的图像视频序列中，建立所要跟踪目标的位置关系，得到目标完整的运动轨迹。

本章我们将首先介绍 OpenCV 的背景差分法，简单了解视频分析的基本概念，接着学习目标检测与跟踪技术，最后学习卡尔曼滤波器，实现对目标运动轨迹的预测。

10.1　背景差分法

背景差分法是一种广泛用于检测视频中移动目标的技术。利用背景差分法，固定位置的相机能够准确识别移动目标在图像中的位置。

背景差分法

背景差分法的基本原理如图 10-1 所示。先对背景模型的每一个像素与当前帧的每一个像素做减法运算，然后通过阈值化处理将结果二值化，根据处理结果判断像素属于前景区域还是背景区域。在学习各种背景差分法之前，我们首先需要了解高斯背景建模与 LBP（Local Binary Pattern，局部二值模式）特征。

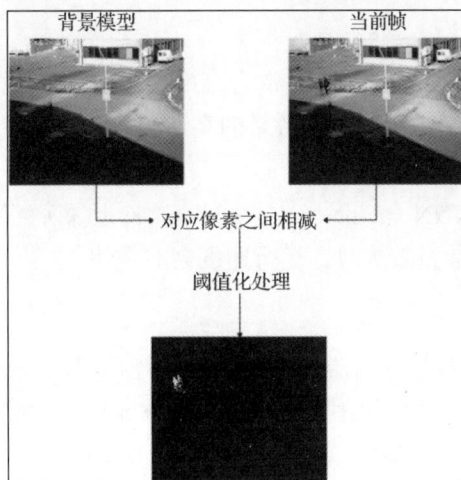

图 10-1　背景差分法的基本原理

10.1.1　高斯背景建模

高斯背景建模分为单高斯背景建模和混合高斯背景建模。

高斯背景建模将每个像素点的颜色值视为一个随机变量，并且各像素点之间的颜色信息相互独立。通过单高斯或混合高斯函数对随机变量的分布进行拟合，可以更好地适应不同光照情况的场景。当新的像素点值出现时，将其与已有的背景模型（单高斯或混合高斯函数）进行匹配，根据特定的判断准则确定其是否为背景点。如果判定为背景点，则使用当前像素值对背景模型进行更新，否则背景模型保持不变。不同的算法有不同的判断准则及背景模型更新方式。

10.1.2　LBP 特征

LBP 是一种用于描述图像局部纹理特征的算子。LBP 特征的提取原理如图 10-2 所示。

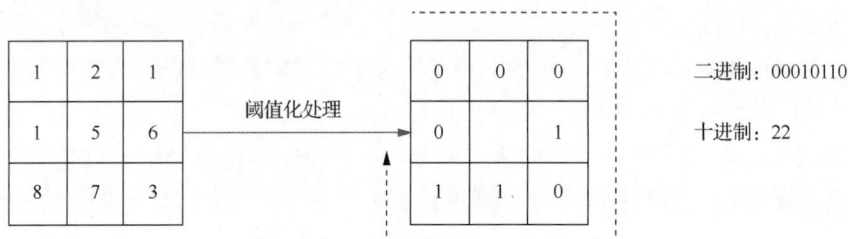

图 10-2　LBP 特征的提取原理

如图 10-2 所示，LBP 特征定义基于像素的 8 个邻域，以中心像素的灰度值为阈值。在阈值处理过程中，比较每个像素与其周围 8 个像素的灰度值，如果周围像素的灰度值小于中心像素的灰度值，则对应位置标记为 0，否则标记为 1。处理完成后，每个像素都会得到一个二进制组合，如图 10-2 中为 00010110。

10.1.3　OpenCV 背景差分法

OpenCV 提供了以下几种背景差分法，用于实现图像的前景与背景分割。

1. 基础方法

- MOG2（Mixture of Gaussians 2，混合高斯 2）：这是以混合高斯背景建模为基础的背景/前景分割算法。该算法采用了可变数量的高斯函数，从而使其能更好地适应不同光照情况。

- KNN：这是基于 KNN（K-nearest neighbor，K 近邻）的背景/前景分割算法。该算法的特点是当前景的像素数量较少时，运行速度会非常快。

2. 进阶方法

- CNT（Counting，背景分割器）：这是一种不需要对背景点进行高斯背景建模处理的背景/前景分割算法。该算法仅使用视频中过去连续 n 帧内的像素点值信息以及一些额外信息，因此处理速度非常快。其优点在于，在用户使用廉价硬件时，该算法会比 MOG2 更有优势。

● GMG（Geometric Multi-Grid，几何多种网格）：该算法结合了静态背景图像估计和每个像素的贝叶斯分割。它使用贝叶斯估计生成一幅概率图，通过对概率图进行阈值操作，划分前景点与背景点。该算法对图像具有自适应性，并应用形态学操作去除不需要的噪声，其缺点是在前几帧图像中会出现黑色窗口。

● GSOC（Graph-Based Segmentation for Online Change detection，基于图的在线变化检测分割）：这个算法之所以称为 GSOC 是因为它在"Google 编程之夏"中诞生，与 OpenCV 中的其他算法相比，该算法在 CDnet 2014 数据集中能表现出更好的性能。

● LSBP（Local SVD Binary Pattern，局部 SVD 二元模式）：该算法结合了 LBP 特征和 SVD（Singular Value Decomposition，奇异值分解）技术。它是在 LBP 特征基础上的一种改进，首先对原始像素值进行 SVD 操作，然后提取 SVD 处理后的图像的 LBP 特征，从而得到一个对光照变化具有不变性的特征。

● MOG（Mixture of Gaussian，混合高斯）：该算法与 MOG2 基本相同，不同之处在于该算法没有采用可变数量的高斯函数。

10.1.4　背景差分器

接下来，我们将采用 MOG2 来完成视频的前景与背景分割，结果如图 10-3 所示。

背景差分器

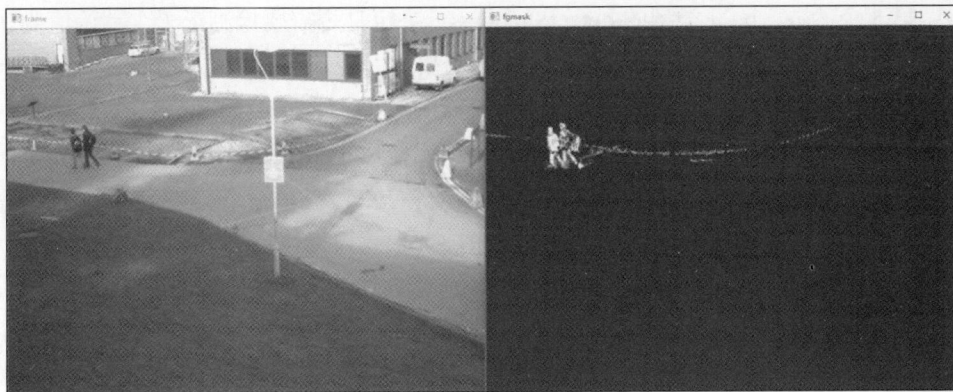

图 10-3　MOG2 处理结果

程序如下：

```python
import cv2
capture = cv2.VideoCapture()
capture.open('background.mp4')
fgbg = cv2.createBackgroundSubtractorMOG2()  # 创建 MOG2 背景差分器
while True:
    ret, frame = capture.read()
    fgmask = fgbg.apply(frame)  # 计算前景蒙版
    cv2.imshow('fgmask', fgmask)
```

```
    cv2.imshow('frame', frame)
    k = cv2.waitKey(0) & 0xFF
    if (k == 113): # 按 q 键退出
        break
capture.release()
cv2.destroyAllWindows()
```

在上述程序中，首先加载视频文件，然后使用 cv2.createBackgroundSubtractorMOG2() 函数创建 MOG2 背景差分器，随后调用 cv2.createBackgroundSubtractorMOG2.apply() 函数对当前帧进行计算，以获取前景蒙版。

cv2.createBackgroundSubtractorMOG2() 函数用于创建 MOG2 背景差分器，其基本格式如下：

```
    cv2.createBackgroundSubtractorMOG2(history, varThreshold,
detectShadows) -> retval
```

- 第 1 个参数：int 类型的 history，用于指定训练背景的帧数，默认值为 500。
- 第 2 个参数：float 类型的 varThreshold，表示方差阈值，用于判断当前像素属于前景还是背景，默认值为 16。如果光照变化明显，如阳光下的水面，则建议将此值设为 25，且数值越大，灵敏度越低。
- 第 3 个参数：bool 类型的 detectShadows，决定是否需要检测影子，默认值为 True。检测影子会增加程序的时间复杂度，因此在不需要时，建议将其设置为 False。
- 返回值：retval，表示 MOG2 背景差分器的对象。

cv2.createBackgroundSubtractorMOG2.apply() 函数用于当前帧计算，其基本格式如下：

```
    cv2.createBackgroundSubtractorMOG2.apply(image, learningRate) -> fgmask
```

- 第 1 个参数：NumPy 数组类型的 image，表示当前帧的图像。
- 第 2 个参数：float 类型的 learningRate，表示学习速率。值为 0 时，背景不更新；值为 1 时，逐帧更新。默认值为-1，表示算法自动更新。
- 返回值：NumPy 数组类型的 fgmask，输出的结果，表示前景掩码的 8 位二值图像。

如图 10-3 所示，我们发现由于光照问题，前景与背景分割后的前景蒙版存在很多噪点，为此我们可以采用第 3 章介绍的形态学处理方法，减少结果中的噪点，效果如图 10-4 所示。

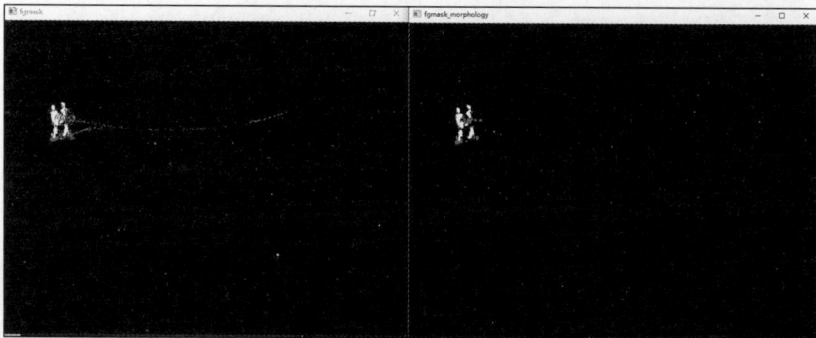

图 10-4　开运算处理结果（左为前景蒙版，右为形态学处理后的前景蒙版）

程序如下：

```
import cv2


capture = cv2.VideoCapture()

capture.open('background.mp4')

fgbg = cv2.createBackgroundSubtractorMOG2() # 创建MOG2背景差分器
kernel = cv2.getStructuringElement(cv2.MORPH_RECT, (3, 3), (-1, -1))
# 3*3 的矩阵内核


while True:
    ret, frame = capture.read()
    fgmask = cv2.morphologyEx(fgbg.apply(frame), cv2.MORPH_OPEN, kernel,
(-1, -1))  # 对前景蒙版进行开运算形态学处理
    cv2.imshow('fgmask', fgmask)
    cv2.imshow('frame', frame)
    k = cv2.waitKey(0) & 0xFF
    if (k == 113):  # 按q键退出
        break
capture.release()
cv2.destroyAllWindows()
```

与前一个程序相比，上述程序仅增加了两行程序用于形态学处理，以减少噪点。程序首先使用 cv2.getStructuringElement()函数创建了一个 3×3 的矩阵内核，随后对前景蒙版使用 cv2.morphologyEx()函数进行开运算形态学处理，从而减少噪点。如图 10-4 所示，视频中的光照问题导致产生过多噪点，而在背景差分法中巧妙运用图像形态学处理，能使前景与背景分割效果更加清晰。

cv2.getStructuringElement()函数用于创建矩阵内核，其基本格式如下：

```
cv2.getStructuringElement(shape, ksize, anchor) -> retval
```

- 第 1 个参数：int 类型的 shape，表示内核的形状，有 3 种形状可以选择，分别为矩阵、椭圆形和十字形。
- 第 2 个参数：tuple 类型的 ksize，表示内核的尺寸。
- 第 3 个参数：tuple 类型的 anchor，表示内核的锚点位置，默认值为(-1,-1)，表示锚点位于内核中心位置。
- 返回值：NumPy 数组类型的 retval，表示指定形状和尺寸的结果元素。

10.1.5　基于背景差分器的目标跟踪

对背景差分器有了基本了解后，我们采用 KNN 背景差分器来创建一个简易的目标跟踪程序，效果如图 10-5 所示。

图 10-5　基于背景差分器的目标跟踪

程序如下：

```
import cv2
capture = cv2.VideoCapture()
capture.open('background.mp4')
fgbg = cv2.createBackgroundSubtractorKNN()  # 创建 KNN 背景差分器
kernel = cv2.getStructuringElement(cv2.MORPH_RECT, (3, 3), (-1, -1))
while True:
    ret, frame = capture.read()
    fgmask = cv2.morphologyEx(fgbg.apply(frame), cv2.MORPH_OPEN, kernel,
(-1, -1))
    ret, binary = cv2.threshold(fgmask.copy(), 244, 255, cv2.THRESH_BINARY)
# 对灰度图像进行二值化
    contours, hierarchy = cv2.findContours(binary, cv2.RETR_EXTERNAL,
cv2.CHAIN_APPROX_SIMPLE)    # 在二值图像中查找轮廓
    for contour in contours:
        if cv2.contourArea(contour) > 600:
        # 判断图像轮廓大小，从而检测出有效目标
            (x, y, w, h) = cv2.boundingRect(contour)
            # 计算目标轮廓的最小包围的矩形边界
            cv2.rectangle(frame, (x, y), (x + w, y + h), (0, 255, 0), 2)
    cv2.imshow('frame', frame)
    k = cv2.waitKey(0) & 0xFF
    if (k == 113):  # 按 q 键退出
        break
```

```
capture.release()
cv2.destroyAllWindows()
```

该程序与前面的程序相似，唯一区别在于在获取前景蒙版后，对前景蒙版进行二值化处理，并在二值化结果中使用 cv2.findContours()函数查找轮廓。通过 cv2.contourArea()函数判断轮廓大小，确定是否为有效目标。一旦确定，便使用 cv2.boundingRect()函数获得目标轮廓的最小包围的矩阵边界并进行图像可视化。

cv2.contourArea()函数用来判断轮廓大小，其基本格式如下：

```
cv2.contourArea(contour, oriented) -> retval
```

- 第 1 个参数：NumPy 数组类型的 contour，表示图像的二维轮廓顶点。
- 第 2 个参数：bool 类型的 oriented，表示面向区域标识符，默认值为 False。当该值为 False 时，函数返回轮廓的绝对面积值；当该值为 True 时，函数返回一个带符号的面积值，正负取决于轮廓的方向。
- 返回值：float 类型的 retval，表示计算得到的轮廓面积的结果。

通过结合背景差分器与第 5 章所学的图像轮廓知识，我们仅用少量程序就实现了目标跟踪，并且目标跟踪结果非常精准。本节所使用的程序的缺点是，当出现光照不均等复杂情况时，并不能达到很好的检测跟踪效果。

10.2　基于颜色的目标检测与跟踪

在目标检测与跟踪中，若需要跟踪的目标的颜色与背景和其他物体颜色差异显著，可以采用颜色分割法对目标进行跟踪。

10.2.1　HSV 色彩空间

在前文中，我们对 BGR 色彩空间有了基本了解。BGR 色彩空间利用 3 个颜色分量的线性组合来构成各种颜色。但是 BGR 色彩空间只适用于系统显示，并不适用于自然环境下的图像处理。在自然环境中，图像

HSV 色彩空间

会受到自然光照、物体阴影等因素影响，因此图像与亮度关系紧密。在 BGR 色彩空间中，当亮度发生改变时，3 个颜色分量会随之改变，所以 BGR 色彩空间在处理图像中连续变换的颜色时并不准确。

鉴于上述情况，在图像处理中常使用 HSV 色彩空间。与 BGR 色彩空间相比，HSV 色彩空间对颜色的表达更加直观，能清晰地表达出颜色的色调、饱和度与明暗程度，更便于在图像处理中进行颜色对比。对于目标追踪而言，HSV 色彩空间自然比 BGR 色彩空间更适合追踪特定颜色的目标。

HSV 色彩空间由 3 个组成部分来表达图像，分别是色调（Hue，也称色相）、饱和度（Saturation，也称色彩纯净度）、色明度（Value）。

图 10-6 所示为 HSV 色彩空间模型，也被称为六角锥体模型。在该模型中，H 参数代表色调，用角度量表示，范围从 0° 到 360° ，蓝色、绿色、红色分别相隔 120° ；S 参数

代表饱和度，用百分比表示，范围从 0%（0）到 100%（1），它表示所选颜色的纯度与其最大纯度之间的比率，当 S 等于 0 时，颜色为灰度；V 参数代表明度，范围从 0 到 1。

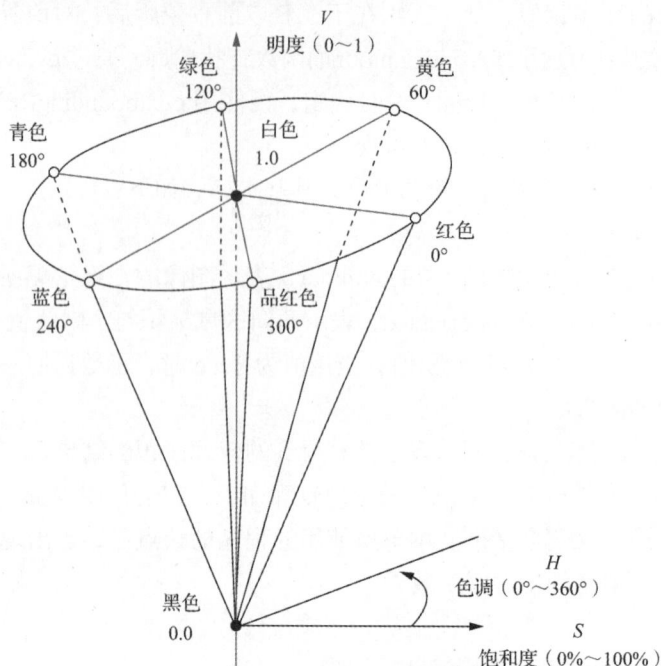

图 10-6　HSV 色彩空间模型

10.2.2　颜色分割

颜色分割的操作原理是设定颜色图像的各个分量所需提取范围的上下限，对范围内与范围外的数据进行分割，然后对分割结果进行二值化处理，即将两个阈值内的像素值设置为白色，阈值外的像素值设置为黑色。

OpenCV 中自带的 cv2.inRange()函数可以实现这一操作，其处理结果如图 10-7 所示。

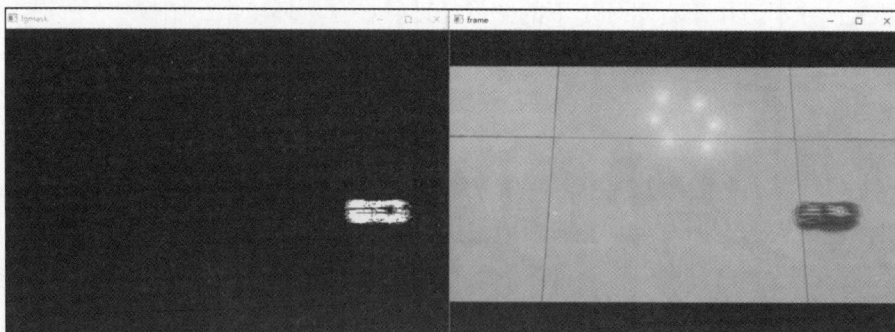

图 10-7　cv2.inRange()函数处理结果

程序如下：

```
import cv2
import numpy as np
```

```
capture = cv2.VideoCapture()
capture.open('../DataSets/videos/redcar.avi')
RED = {'Lower': np.array([156, 43, 46]), 'Upper': np.array([180, 255, 255])}
while True:
    ret, frame = capture.read()
    frameHSV = cv2.cvtColor(frame, cv2.COLOR_BGR2HSV)
    binary = cv2.inRange(frameHSV, RED['Lower'], RED['Upper']) # 阈值操作
    cv2.imshow('fgmask', binary)
    cv2.imshow('frame', frame)
    k = cv2.waitKey(0) & 0xFF
    if (k == 113): # 按 q 键 退出
        break

capture.release()
cv2.destroyAllWindows()
```

上述程序首先读取视频，随后将每一帧图像的 BGR 色彩空间转换为 HSV 色彩空间，并采用 cv2.inRange()函数对图像进行颜色分割，得到二值图像结果后进行显示。

cv2.inRange()函数用于对图像进行颜色分割，其基本格式如下：

```
cv2.inRange(src, lowerb, upperb) -> dst
```

* 第 1 个参数：NumPy 数组类型的 src，表示要进行颜色分割的图像。
* 第 2 个参数：NumPy 数组类型的 lowerb，表示所需分割颜色范围的下边界值，可以是数组或标量。
* 第 3 个参数：NumPy 数组类型的 upperb，表示所需分割颜色范围的上边界值，可以是数组或标量。
* 返回值：NumPy 数组类型的 dst，表示分割完成后的二值图像。

lowerb 与 upperb 在不同通道数量的图像处理中的使用样例如下。

（1）对于单通道图像的颜色分割阈值处理，如图 10-8 所示。

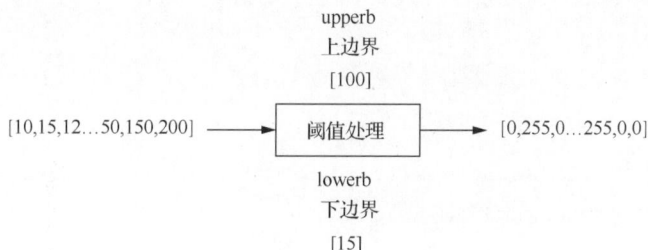

图 10-8　单通道图像的颜色分割阈值处理

（2）对于双通道图像的颜色分割阈值处理，如图 10-9 所示。

upperb
上边界
[[100], [125]]

$$[[10, 15, 12\ldots 50, 150, 200], \atop [32, 132, 68\ldots 56, 7, 250]] \rightarrow \boxed{阈值处理} \rightarrow [[0, 255, 0\ldots 255, 0, 0], \atop [0, 0, 255\ldots 255, 0, 0]]$$

lowerb
下边界
[[15], [50]]

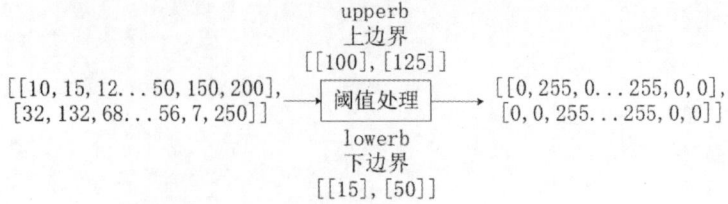

图 10-9　双通道图像的颜色分割阈值处理

三通道及多通道图像处理依此类推，每个通道的像素值都必须在各自规定的阈值范围内。

10.2.3　目标跟踪样例

结合以上所学内容，我们对特定颜色的红色小车进行检测与跟踪，效果如图 10-10 所示。

图 10-10　红色小车的目标跟踪

程序如下：

```python
import cv2
import numpy as np
capture = cv2.VideoCapture()
capture.open('../DataSets/videos/redcar.avi')
RED = {'Lower': np.array([156, 43, 46]), 'Upper': np.array([180, 255, 255])}
kernel = cv2.getStructuringElement(cv2.MORPH_RECT, (3, 3), (-1, -1))
while True:
    ret, frame = capture.read()
    frameHSV = cv2.cvtColor(frame, cv2.COLOR_BGR2HSV)
    binary = cv2.morphologyEx(cv2.inRange(frameHSV, RED['Lower'], RED
['Upper']), cv2.MORPH_OPEN, kernel, (-1, -1))
    binary_dilation = cv2.dilate(binary, kernel)                    # 膨胀
    image, contours, hierarchy = cv2.findContours(binary_dilation,
cv2.RETR_EXTERNAL, cv2.CHAIN_APPROX_SIMPLE)           # 在二值图像中查找轮廓
```

```
for contour in contours:
    if cv2.contourArea(contour) > 600:
        (x, y, w, h) = cv2.boundingRect(contour)
        cv2.rectangle(frame, (x, y), (x + w, y + h), (0, 255, 0), 2)
    cv2.imshow('frame', frame)
    k = cv2.waitKey(0) & 0xFF
    if (k == 113):                                        # 按 q 键退出
        Break

capture.release()
cv2.destroyAllWindows()
```

上述程序与基于背景差分器的目标跟踪程序代码基本一致，区别在于前景蒙版的计算方式。经过测试发现，该程序在追踪特定目标的颜色与背景颜色不冲突的情况下，目标跟踪效果非常好。

10.3 光流跟踪

光流（Optical Flow）是分析运动图像的重要算法，它基于图像的亮度恒定不变且运动的物体位置随时间变化不剧烈（即物体在相邻帧之间的位移较小）这两个条件实现对目标物体的有效跟踪。

10.3.1 光流

光流描述的是运动目标在观察成像平面上的像素运动的瞬时速度。简单来说，光流就是瞬时速度，在时间间隔很小时，它等同于运动目标的位移。

10.3.2 光流场

在空间中，运动可以通过运动场描述，而在图像平面上，物体的运动则通过图像序列中不同图像间的灰度分布差异来体现。空间中的运动场转移到图像上就表示为光流场。

光流场是一个二维矢量场，它反映了图像上每一点灰度的变化趋势，可以被看成带有灰度的像素点在图像平面上运动所产生的瞬时速度场，它包含各个像素点运动的瞬时速度矢量信息。

10.3.3 基本原理

光流法的基本原理是利用图像像素在时间域上的变化及相邻帧之间的相关性，确定上一帧与当前帧之间的对应关系，进而计算出相邻帧之间物体的运动信息。

光流跟踪法基本原理

图 10-11 所示为一颗小球在 5 个连续帧中从左到右移动的轨迹。光流跟踪利用目标检测方法，通过识别小球的关键特征点，确定小球在每一帧图像中的位置。在连续帧中，算

法会寻找在上一帧中出现的关键特征点在当前帧中的最佳匹配位置，从而得到小球在当前帧中的位置坐标。如此迭代进行，实现对小球的目标跟踪。

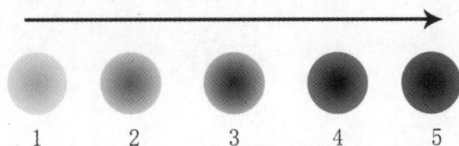

图 10-11　一颗小球在 5 个连续帧中从左到右移动的轨迹

在光流跟踪中，根据所形成的光流场中二维矢量的疏密程度，可以将光流分为稀疏光流（Sparse Optical Flow）与稠密光流（Dense Optical Flow）两种。不同类型的光流需采用不同的算法进行计算。

10.3.4　KLT 光流法

稀疏光流通常需要指定一组具有明显特性的特征角点作为跟踪对象，如 Harris 角点等，以确保跟踪稳定可靠。

KLT（Kanade - Lucas - Tomasi）光流法是经典的用于稀疏光流的角点跟踪算法。该算法必须在以下 3 个假设成立的前提下才能发挥良好的效果。

（1）目标物体亮度恒定不变假设。

（2）目标物体位移较小假设。

（3）空间一致性假设。

KLT 光流法的基本思想：首先，通过角点检测获取前一帧图像的稀疏特征点集；其次，利用前一帧图像及其稀疏特征点集和当前帧图像的信息，找到当前帧图像中具有同样特征的点集；最后，通过比较两帧图像的稀疏特征点集，确定它们之间的光流关系。

OpenCV 中提供了 KLT 光流法的 API（Application Programming Interface，应用程序接口）——cv2.calcOpticalFlowPyrLK()函数。该函数默认采用图像金字塔的 KLT 光流法。如图 10-12 所示，为每帧图像建立图像金字塔，并自顶向底依次对前、后两帧图像（如 I^0 与 I^1）的金字塔中的对应层进行光流检测。直至检测完所有层，得到最后的输出结果。

由于自顶向底的图像金字塔的分辨率从低到高，所以当目标发生较大移动时，低分辨率图像中的特征点也不会移出邻近窗口，仍能被算法检测到，因此，采用图像金字塔的 KLT 光流法能够处

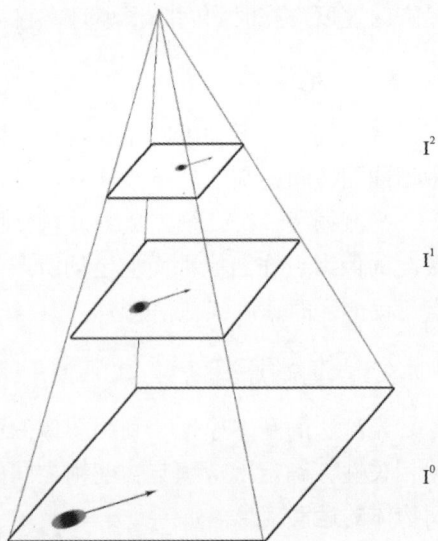

图 10-12　图像金字塔

理目标比较大的运动情况。

接下来我们根据 KLT 光流法的基本思想实现对红色小车的光流跟踪，如图 10-13 所示。

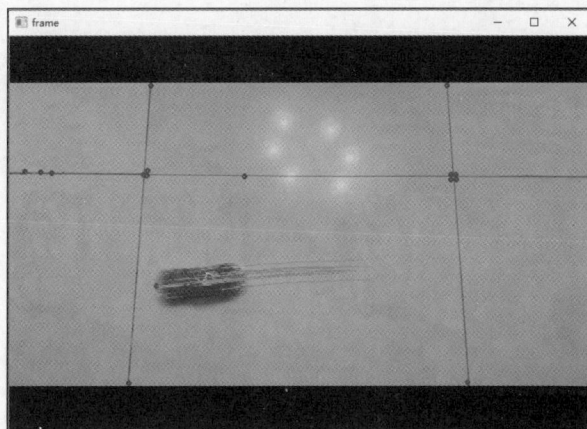

图 10-13　使用 KLT 光流法对红色小车的光流跟踪的效果

程序如下：

```python
import cv2
import numpy as np

prev_gray = np.array([])
features = []
fpts = [[] for i in range(2)]
iniPoints = []

def detectFeatures(frame, ingray):
    global features
    feature_params = dict(maxCorners=500,
                          qualityLevel=0.3,
                          minDistance=7,
                          blockSize=7)
    mask = np.zeros_like(ingray)
    mask[:] = 255
    for x, y in [np.int32(tr[-1]) for tr in features]:
        cv2.circle(mask, (x, y), 5, 0, -1)
    p = cv2.goodFeaturesToTrack(ingray, mask= mask,**feature_params)
    if p is not None:
        for x, y in np.float32(p).reshape(-1, 2):
            features.append([(x, y)])
```

```
        print("detect features: %s" % len(features))


    def klTrackFeature(gray):
        global fpts
        p = np.float32([tr[-1] for tr in features]).reshape(-1, 1, 2)
        lk_params = dict(winSize=(15, 15),
                         maxLevel=2,
                         criteria=(cv2.TERM_CRITERIA_EPS |
cv2.TERM_CRITERIA_COUNT, 10, 0.03))


        fpts[0], status, err = cv2.calcOpticalFlowPyrLK(prev_gray, gray, p, None,
**lk_params)
        # 将前一帧的角点和当前帧的图像作为输入，得到稀疏特征角点在当前帧的位置
        fpts[1], status, err = cv2.calcOpticalFlowPyrLK(gray, prev_gray,
fpts[0], None, **lk_params)
        # 将当前帧跟踪到的稀疏特征角点及图像和前一帧的图像作为输入，找到前一帧的角点位置
        return p


    def drawTrackLines(frame, p):
        global features, fpts
        new_features = []
        d = abs(p - fpts[1]).reshape(-1, 2).max(-1)
        # 得到角点回溯与前一帧实际角点的位置变化关系
        flag = d < 1
        # 判断 d 的值是否小于 1，大于 1 的跟踪点被认为是错误的跟踪点
        for feature, (x, y), f in zip(features, fpts[0].reshape(-1, 2), flag):
        # 将跟踪正确的点列为成功跟踪点
            if not f:
                continue
            if len(feature) > 10:
                del feature[0]
            feature.append((x, y))
            new_features.append(feature)
            cv2.circle(frame, (x, y), 2, (0, 0, 255), 2)
        features = new_features
        cv2.polylines(frame, [np.int32(feature) for feature in features], False,
(0, 255, 0))
```

```python
def main(capture):
    global prev_gray, features, fpts, iniPoints
    while True:
        ret, frame = capture.read()
        gray = cv2.cvtColor(frame, cv2.COLOR_BGR2GRAY)
        detectFeatures(frame, gray)
        # 获取特征

        if len(prev_gray) == 0:
            prev_gray = gray.copy()
        p = klTrackFeature(gray)
        drawTrackLines(frame, p)
        # 更新前一帧数据
        prev_gray = gray.copy()

        cv2.imshow('frame', frame)
        k = cv2.waitKey(0) & 0xFF
        if (k == 113):
        # 按 q 键退出
            break

    capture.release()
    cv2.destroyAllWindows()
if __name__ == '__main__':
    capture = cv2.VideoCapture()
    capture.open('redcar.avi')
    main(capture)
```

在上述程序中，首先加载视频，输入第 1 帧图像，使用 cv2.goodFeaturesToTrack() 函数检测第 1 帧图像的 Shi-Tomasi 特征角点，并保存这些特征角点。接着输入第 2 帧图像，开始跟踪特征角点，使用 cv2.calcOpticalFlowPyrLK() 函数计算新一帧图像的特征角点位置，删除损失的特征角点，对特征角点与光流进行可视化绘制，并保存跟踪的特征角点。随后，用第 2 帧图像替换第 1 帧图像，并用后续输入帧替换第 2 帧图像，选择新的特征角点来替换损失的特征角点，并继续保存特征角点。重复执行以上操作，直至处理完所有图像帧。

cv2.goodFeaturesToTrack() 函数用于检测图像中的特征角点，基本格式如下：

```
cv2.goodFeaturesToTrack(image, maxCorners, qualityLevel, minDistance, mask,
blockSize, useHarrisDetector, k) -> corners
```

- 第 1 个参数：NumPy 数组类型的 image，表示要进行角点检测的图像。
- 第 2 个参数：int 类型的 maxCorners，表示角点数量的最大值。如果实际检测到的角点数量超过该值，则只返回指定数量的强角点。如果指定数量小于或等于 0，则返回所有检测到的角点。
- 第 3 个参数：float 类型的 qualityLevel，表示可接受图像角点的最小质量因子。
- 第 4 个参数：float 类型的 minDistance，表示返回的角点之间的最小可能欧几里得距离。对于初选出的角点，如果在指定范围内存在其他更强角点，则该角点将被删除。
- 第 5 个参数：NumPy 数组类型的 mask，表示指定的感兴趣区域。如果值为 None，则在整幅图像上寻找角点。
- 第 6 个参数：int 类型的 blockSize，表示计算协方差矩阵时的窗口大小。
- 第 7 个参数：bool 类型的 useHarrisDetector，表示是否使用 Harris 角点检测。默认值为 False，表示使用 Shi-Tomasi 角点检测。
- 第 8 个参数：float 类型的 k，表示 Harris 角点检测需要的 k 值。k 值取值范围在 0.04 到 0.06 之间。
- 返回值：NumPy 数组类型的 corners，表示检测到的角点的输出向量。

cv2.calcOpticalFlowPyrLK()函数用于计算两幅图像之间的光流，基本格式如下：

```
cv2.calcOpticalFlowPyrLK(prevImg, nextImg, prevPts, winSize, maxLevel,
criteria, flags, minEigThreshold) -> nextPts, status, err
```

- 第 1 个参数：NumPy 数组类型的 prevImg，表示的第 1 个输入图像或金字塔。
- 第 2 个参数：NumPy 数组类型的 nextImg，表示与 prevImg 大小和类型相同的第 2 个输入图像或金字塔。
- 第 3 个参数：NumPy 数组类型的 prevPts，表示需要计算光流的特征角点的向量。点坐标必须是单精度浮点数。
- 第 4 个参数：tuple 类型的 winSize，表示每个金字塔图层的滑动探测器窗口的大小。
- 第 5 个参数：int 类型的 maxLevel，表示金字塔的最大层数。如果设置为 0，则不使用金字塔，即金字塔为单层；如果设置为 1，则使用两层金字塔。依此类推。
- 第 6 个参数：tuple 类型的 criteria，表示指定在每个金字塔层，为某个特征点寻找光流的迭代终止条件。
- 第 7 个参数：int 类型的 flags，表示可选选项，具体参数如表 10-1 所示。

表 10-1　KLT flags 常用参数

常用参数	描述
cv2.OPTFLOW_USE_INITIAL_FLOW	使用初始估计，存储在 nextPts 中。如果未设置该标志，则将 prevPts 复制到 nextPts 并将其视为初始估计。值为 4
cv2.OPTFLOW_LK_GET_MIN_EIGENVALS	使用最小特征值作为误差测量。如果未设置该标志，则用原图像周围的色块和移动点之间的距离除以窗口中的像素数，用作误差测量。值为 8

- 第 8 个参数：float 类型的 minEigThreshold，表示过滤特征点的阈值。用 KLT 算法计算光流方程的 2×2 矩阵的最小特征值与窗口内像素值的比值时，如果比值小于该参数的预设值，则对应的特征点将被过滤丢弃且光流不被破坏，因此该参数可以允许去除坏点，从而提升算法性能。

- 第 1 个返回值：NumPy 数组类型的 nextPts，输出结果，表示经过计算后特征角点在第二个图像中的新位置向量。

- 第 2 个返回值：NumPy 数组类型的 status，表示输出状态向量。如果找到相应特征的光流，则每个元素设置为 1，否则设置为 0。

- 第 3 个返回值：NumPy 数组类型的 err，表示输出错误的向量。向量的每个元素都设置为对应特征的错误，错误的类型可以在 flags 参数中设置。如果未找到光流，则发生未知错误。

10.3.5　GF 光流法

稠密光流通常要求逐一比较当前帧与上一帧的像素点，对发生变化的像素点进行标记。稠密光流用于计算图像上所有像素点的偏移量，从而形成一个稠密的光流场。稀疏光流仅对比少量的特征角点，而稠密光流则对比图像中所有的像素点。虽然稠密光流的运行效率低于稀疏光流的，但其跟踪效果更好。

GF（Gunnar Farneback）光流法是一个经典的用于稠密光流的跟踪算法。OpenCV 中提供了 GF 光流法的 API——cv2.calcOpticalFlowFarneback()函数。

接下来我们根据 GF 光流法的基本思想来实现对行人的光流跟踪，如图 10-14 所示。

图 10-14　用 GF 光流法对行人光流跟踪的效果

程序如下：

```python
import cv2
import numpy as np

def drawOpticalFlow(flowData, frame):
```

```python
    for row in range(0, np.shape(flowData)[0]-1, 2):
                                            # 遍历图像所有的像素点
        for col in range(0, np.shape(flowData)[1]-1, 2):
            fxy = flowData[row][col]
                                        # 获取坐标为(row,col)的像素点的偏移量
            if abs(fxy[0]) > 2 and abs(fxy[1]) > 2:
                                        # 为偏移量大于2的坐标绘制光流
                cv2.line(frame, (col, row), (int(round(col + fxy[0])),
int(round(row + fxy[1]))), (0, 255, 0), 2, 16)
                cv2.circle(frame, (col, row), 2, (0, 0, 255), 2)
def main(capture):
    gf_params = dict(pyr_scale=0.5, levels=3, winsize=15,
                    iterations=3, poly_n=5, poly_sigma=1.2, flags=0)
    ret, frame = capture.read()
    prev_gray = cv2.cvtColor(frame, cv2.COLOR_BGR2GRAY)
    while True:
        ret, frame = capture.read()
        gray = cv2.cvtColor(frame, cv2.COLOR_BGR2GRAY)
        flowData = cv2.calcOpticalFlowFarneback(prev_gray, gray, None,
**gf_params)                    # 通过GF算法计算出当前帧的每个像素与前一帧的偏移量
        prev_gray = gray
        flowResult = cv2.cvtColor(prev_gray, cv2.COLOR_GRAY2BGR)
        drawOpticalFlow(flowData, flowResult)
        cv2.imshow('frame', flowResult)
        k = cv2.waitKey(0) & 0xFF
        if (k == 113):                                      # 按q键退出
            break
    capture.release()
    cv2.destroyAllWindows()
if __name__ == '__main__':
    capture = cv2.VideoCapture()
    capture.open(' background.avi')
    main(capture)
```

在上述程序中，首先读取第一帧图像并将其转换为灰度图像，作为前一帧图像数据；接着读取下一帧图像并将其转换为灰度图像，作为当前帧图像数据。通过 GF 算法计算出前一帧与当前帧所有像素点的偏移量，并更新当前帧作为前一帧图像。根据偏移量大小绘制光流，如此循环，直至完成整个视频的光流跟踪。

cv2.calcOpticalFlowFarneback()函数用于计算前一帧与当前帧所有像素点的偏移量，其基本格式如下：

```
cv2.calcOpticalFlowFarneback(prev, next, flow, pyr_scale, levels,
winsize, iterations, poly_n, poly_sigma, flags)
```

- 第 1 个参数：NumPy 数组类型的 prev，表示前一帧灰度图像。
- 第 2 个参数：NumPy 数组类型的 next，表示当前帧灰度图像。
- 第 3 个参数：NumPy 数组类型的 flow，输出结果，表示前一帧与当前帧的所有像素点的偏移量。
- 第 4 个参数：float 类型的 pyr_scale，表示金字塔上、下两层之间的尺度关系。
- 第 5 个参数：int 类型的 levels，表示金字塔层数。
- 第 6 个参数：int 类型的 winsize，表示均值窗口大小。数值越大，算法对图像噪点的稳健性越好，对快速运动目标的检测效果越好，但会引起运动区域模糊。
- 第 7 个参数：int 类型的 iterations，表示算法在图像金字塔每层的迭代次数。
- 第 8 个参数：int 类型的 poly_n，表示像素的邻域范围。该值越大，图像的近似逼近越光滑，算法稳健性越好，但也会带来更多的运动区域模糊。一般设置为 5 或者 7。
- 第 9 个参数：float 类型的 ploy_sigma，表示高斯标准差。一般在 1 到 1.5 之间，建议当 poly_n=5 时，ploy_sigma=1.1；当 poly_n=7 时，poly_sigma=1.5。
- 第 10 个参数：int 类型的 flags，表示计算方式，具体参数如表 10-2 所示，默认值为 0。

表 10-2　GF flags 常用参数

常用参数	描述
cv2.OPTFLOW_USE_INITIAL_FLOW	使用初始估计，存储在 next 中。如果未设置该标志，则将 prev 复制到 next，并将其视为初始估计。值为 4
cv2.OPTFLOW_FARNEBACK_GAUSSIAN	使用高斯 winsize×winsize 过滤器代替光流估计的相同大小的盒式过滤器。通常情况下，这个选项可以比使用盒式过滤器提供更精确的光流，代价是速度更慢。通常应该将高斯窗口大小设置为更大的值，以实现相同的稳健性。值为 256

10.4　CAMShift 对象跟踪

MeanShift 算法通过分别计算目标区域与下一帧中的目标候选区域内的像素特征概率，得到上一帧的目标模型与当前帧的候选模型，通过不停迭代选择最优模型，使算法收敛到目标位置，从而实现对象跟踪。CAMShift（Continuously Adaptive MeanShift，连续自适应 MeanShift）是 MeanShift 的改进。接下来，我们将详细学习 MeanShift 和 CAMShift，并将 CAMShift 应用于目标跟踪程序。

10.4.1 MeanShift

MeanShift 是基于核密度估计的局部择优算法，目的是找到包含最多特征的窗口区域，使窗口中心和特征数据点在最密集处重合。在 MeanShift 实现的过程中，沿特征数据点密度函数上升梯度方向逐步迭代偏移，直至上升梯度值近似为零，即达到特征数据点最密集处，如图 10-15 所示。

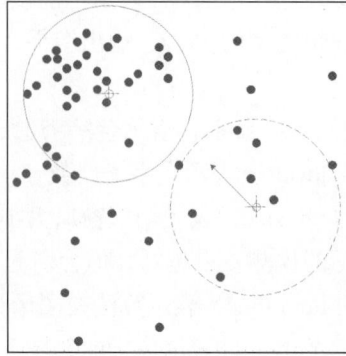

图 10-15　MeanShift 实现过程

10.4.2 CAMShift

CAMShift 是基于概率分布图的 MeanShift。当目标图像中距离发生变化或目标发生形变时，该算法可以自适应地调整窗口大小，有效解决跟踪过程中的目标变形问题，在目标与环境颜色特征差别较明显的场景中能够实现良好的跟踪效果。

CAMShift 的基本思想是利用目标的 HSV 色彩空间模型，将当前帧图像反向投影为概率分布图。在此过程中，算法会初始化搜索窗口的尺寸和位置，并根据上一帧的结果自适应调整搜索窗口的位置和尺寸，从而准确定位当前图像中目标的中心位置。CAMShift 的基本过程如图 10-16 所示。

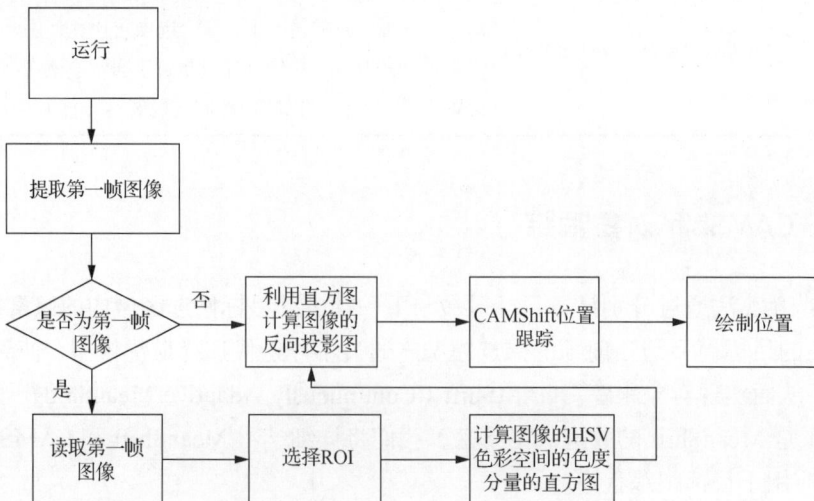

图 10-16　CAMShift 算法的基本过程

10.4.3　目标跟踪程序

OpenCV 中提供了用于实现 CAMShift 的 cv2.CamShift()函数。接下来，我们结合以上跟踪基本过程，使用该函数编写对红色小车的目标跟踪程序，效果如图 10-17 所示。

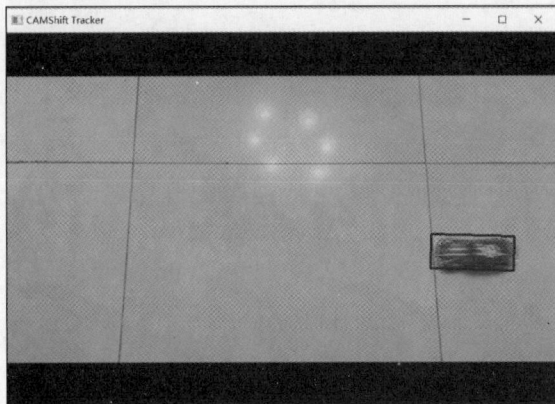

图 10-17　跟踪效果

程序如下：

```
import cv2
import numpy as np
RED = {'Lower': np.array([156, 43, 46]), 'Upper': np.array([180, 255, 255])}
criteria = (cv2.TERM_CRITERIA_EPS | cv2.TERM_CRITERIA_COUNT, 10, 0.03)
def main(capture):
    firstRead = True
    while True:
        ret, frame = capture.read()
        hsv = cv2.cvtColor(frame, cv2.COLOR_BGR2HSV)
        if firstRead:
            roi = cv2.selectROI("CAMShift Tracker", frame)
            mask = cv2.inRange(hsv, RED['Lower'], RED['Upper'])
            hist = cv2.calcHist([hsv], [0], mask, [180], [0, 180])
                                # 计算图像的 HSV 色彩空间的色度（Hue）的直方图
            hist_normalize  =  cv2.normalize(hist,  None,  0,  255,
cv2.NORM_MINMAX)                                        # 归一化处理
            firstRead = False
            continue
        dst = cv2.calcBackProject([hsv], [0], hist_normalize, [0, 180], 1)
        ret, (x, y, w, h) = cv2.CamShift(dst, roi, criteria)
                                # CAMShift 位置跟踪
```

```
        roi = (x, y, w, h)
        pts = np.int0(cv2.boxPoints(ret))                    # 转换为整型
        cv2.polylines(frame, [pts], True, 255, 2)
        # cv2.rectangle(frame, (x, y), (x + w, y + h), 255, 2)
        cv2.imshow('CAMShift Tracker', frame)
        k = cv2.waitKey(0) & 0xFF
        if (k == 113):                                       # 按 q 键退出
            break
    capture.release()
    cv2.destroyAllWindows()
if __name__ == '__main__':
    capture = cv2.VideoCapture()
    capture.open('redcar.avi')
    main(capture)
```

在上述程序中，首先加载视频中第一帧图像，使用 cv2.selectROI()函数选择目标区域，通过 cv2.calcHist()函数计算该区域 HSV 色彩空间的色度直方图，并使用 cv2.normalize()函数对直方图进行归一化处理。之后，使用 cv2.calcBackProject()函数计算经归一化后的图像的反向投影图。最后，使用 CAMShift 进行位置跟踪，并在图像上绘制出位置。此过程循环进行，以实现连续的目标跟踪。

cv2.normalize()函数用于将数组的值归一化到指定范围，常用于在图像处理中调整图像的亮度或对比度，基本格式如下：

```
cv2.normalize(src, dst, alpha, beta, norm_type, dtype, mask)
```

- 第 1 个参数：NumPy 数组类型的 src，表示需要进行归一化的数组。
- 第 2 个参数：NumPy 数组类型的 dst，输出结果，表示归一化完成后的数组。
- 第 3 个参数：float 类型的 alpha，表示归一化后的最大值。
- 第 4 个参数：float 类型的 beta，表示归一化后的最小值。
- 第 5 个参数：int 类型的 norm_type，表示归一化的类型，默认值为 NORM_L2。具体类型如表 10-3 所示。

表 10-3　norm_type 类型

类型	描述
cv2.NORM_INF	归一化数组所有元素绝对值的最大值，值为 1
cv2.NORM_L1	归一化数组中各个元素的绝对值之和，值为 2
cv2.NORM_L2	归一化数组中各个元素的平方和的开方，值为 4
cv2.NORM_MINMAX	alpha、beta 参数分别为归一化后的最小值、最大值，值为 32

- 第 6 个参数，int 类型的 dtype，表示输出结果的类型，默认值为-1。当参数为负值

时，输出矩阵的类型和 src 的相同；否则，输出矩阵的通道数与 src 的相同。

- 第 7 个参数：NumPy 数组类型的 mask，表示可选的操作蒙版。

cv2.calcBackProject()函数用于计算直方图反向投影，基本格式如下：

```
dst=cv2.calcBackProject(images, channels, hist, ranges, scale)
```

- 第 1 个参数：list 类型的 images，表示需要计算直方图的图像。
- 第 2 个参数：list 类型的 channels，表示需要统计直方图的通道索引。通道数必须与图像维度相匹配。
- 第 3 个参数：NumPy 数组类型的 hist，表示输入的直方图。
- 第 4 个参数：list 类型的 ranges，表示直方图中每个 bin 的取值范围。
- 第 5 个参数：float 类型的 scale，表示反向投影的缩放比例因子。
- 返回值：NumPy 数组类型的 dst，输出结果，表示直方图的反向投影。

cv2.CamShift()是一个基于均值漂移的算法，用于在视频序列中跟踪对象，基本格式如下：

```
cv2.CamShift(probImage, window, criteria) -> retval, window
```

- 第 1 个参数：NumPy 数组类型的 probImage，表示对象直方图的反向投影。
- 第 2 个参数：tuple 类型的 window，表示初始搜索目标的窗口。
- 第 3 个参数：tuple 类型的 criteria，表示 MeanShift 算法的迭代终止条件。
- 第 1 个返回值：tuple 类型的 retval，表示跟踪目标的位置信息。
- 第 2 个返回值：tuple 类型的 window，表示跟踪目标的矩阵窗口坐标。

10.5 卡尔曼滤波器

在海上作业时，船长通常以前一个时刻的船位为基准，根据航向、船速和海流方向等一系列随机因素推算出下一个船位。然而船长并不能轻易确定驶入的船位一定是推算出来的船位，还需要选择适当的方法，通过仪器计算得到另一个观测船位。观测和推算出的两个船位一般不重合，船长需要通过分析和判断选择一个可靠的船位，作为船舰当前的位置。

在现代航海中，卡尔曼滤波器被用于集成多种传感器数据，以提高船位估计的精度。除了航海领域，卡尔曼滤波器在其他许多领域也都发挥着特别重要的作用，例如，机器人导航、交通工具导航系统，甚至雷达系统与导弹追踪等。近年来，卡尔曼滤波器广泛应用于计算机图像处理，如人脸识别、图像分割、图像边缘检测等。

卡尔曼滤波器根据系统的输入和输出观测数据进行操作，实现对底层系统状态在统计意义上的最优估计。由于系统的观测数据可能受到噪声干扰，所以该算法的最优估计过程也称为滤波过程。

以一个简单的例子来说，假设一个行人以 2 米/秒的速度匀速、笔直行走，在 1 秒后，行人理论上必定在前方 2 米的位置。卡尔曼滤波器正是运用了这种规律来预测目标在下一帧的位置，并修正当前帧的预测位置信息。

10.5.1 预测与更新

在卡尔曼滤波器中，要对目标的位置进行预测，则在每次预测中都需要修正目标的运动规律。卡尔曼滤波器的整个运行过程就是不断更新与修正的过程。卡尔曼滤波器的预测过程分为以下两个阶段。

- 预测阶段：滤波器使用上一个状态的估计值计算当前状态的预测值。
- 更新阶段：滤波器使用当前状态的观测值优化在预测阶段获得的预测值，从而得到更精确的新估计值。

OpenCV 中提供了用于实现卡尔曼滤波器的 KalmanFilter 类。该类中提供了 cv2.predict() 函数与 cv2.correct() 函数，用于对系统状态进行更新与预测。

10.5.2 鼠标轨迹跟踪

我们先从一个简单的程序开始学习 OpenCV 所提供的卡尔曼滤波器。该程序的主要功能是绘制鼠标移动的绿色轨迹线，以及卡尔曼滤波器预测的红色轨迹线，如图 10-18 所示。

图 10-18　鼠标轨迹跟踪

程序如下：

```
import cv2
import numpy as np


frame = np.zeros((800, 1200, 3), np.uint8)
last_measurement = current_measurement = np.zeros((2, 1), np.float32)
last_prediction = current_prediction = np.zeros((2, 1), np.float32)
kalman = cv2.KalmanFilter(4, 2) # 创建卡尔曼滤波器实例
def kalman_init():
```

```
        global kalman
        kalman.measurementMatrix = np.array([[1, 0, 0, 0], [0, 1, 0, 0]],
np.float32)
        kalman.transitionMatrix = np.array([[1, 0, 1, 0], [0, 1, 0, 1], [0, 0,
1, 0], [0, 0, 0, 1]], np.float32)
        kalman.processNoiseCov = np.array([[1, 0, 0, 0], [0, 1, 0, 0], [0, 0,
1, 0], [0, 0, 0, 1]], np.float32) * 0.03
    def mousemove(event, x, y, s, p):
        global frame, current_measurement, last_measurement, current_
prediction, last_prediction
        current_measurement = np.array([np.float32(x), np.float32(y)],
np.float32)                                             # 当前帧的位置
        kalman.correct(current_measurement)                      # 修正
        current_prediction = kalman.predict()                    # 预测
                                              # 绘制预测路径与鼠标移动路径
        cv2.line(frame, (last_measurement[0], last_measurement[1]), (current_
measurement[0], current_measurement[1]), (0, 100, 0))
        cv2.line(frame, (last_prediction[0], last_prediction[1]), (current_
prediction[0], current_prediction[1]), (0, 0, 200))
        last_measurement = current_measurement        # 保存上一帧的实际位置
        last_prediction = current_prediction          # 保存上一帧的预测位置
    def main():
        global frame
        kalman_init()
        cv2.namedWindow("Kalman Filter Tracker")
        cv2.setMouseCallback("Kalman Filter Tracker", mousemove)
                                                       # 鼠标回调事件
        while True:
            cv2.imshow('Kalman Filter Tracker', frame)
            k = cv2.waitKey(1) & 0xFF
            if (k == 113):                             # 按 q 键退出
                break
        cv2.destroyAllWindows()
    if __name__ == '__main__':
        main()
```

该程序首先创建一个 800×1200 的三通道空白图像帧，然后初始化实际位置坐标与预测位置坐标。接着，使用 cv2.KalmanFilter()函数创建卡尔曼滤波器实例，并设置其属性：

测量矩阵、状态转移矩阵、过程噪声协方差矩阵。完成所有初始化工作后，开始对鼠标轨迹进行跟踪。通过 cv2.setMouseCallback() 函数，实现鼠标在图像窗口移动时触发 mousemove() 回调函数。mousemove() 函数会记录用户每一帧鼠标所在的坐标位置，并更新当前帧鼠标的实际位置。然后，使用 kalman.correct() 函数优化预测位置，使用 kalman.predict() 函数预测下一帧位置。绘制当前实际位置与上一帧实际位置的轨迹线，以及当前预测位置与上一帧预测位置的轨迹线，之后更新上一帧的实际位置与预测位置为当前帧的对应位置。鼠标每次移动时都重复以上过程，直至程序结束。

cv2.KalmanFilter() 函数用来创建卡尔曼滤波器，其基本格式如下：

```
cv2.KalmanFilter(dynamParams, measureParams, controlParams, type) ->
retval
```

- 第 1 个参数：int 类型的 dynamParams，表示状态向量维度。
- 第 2 个参数：int 类型的 measureParams，表示测量向量维度。
- 第 3 个参数：int 类型的 controlParams，表示控制向量维度，默认值为 0。
- 第 4 个参数：int 类型的 type，表示所创建的矩阵类型，可以是 CV_32F 或者 CV_64F，默认值为 CV_32F。
- 返回值：tuple 类型的 retval，表示卡尔曼滤波器实例。

在创建 KalmanFilter 对象后，需要根据具体问题设置以下矩阵。

measurementMatrix，表示测量矩阵 H。

transitionMatrix，表示状态转移矩阵 A。

processNoiseCov，表示过程噪声协方差矩阵 Q。

cv2.setMouseCallback() 函数用于鼠标在图像窗口移动时触发 mousemove() 回调函数，基本格式如下：

```
cv2.setMouseCallback(windowName, onMouse, param)
```

- 第 1 个参数：str 类型的 windowName，表示显示窗口的名称。
- 第 2 个参数：function 类型的 onMouse，表示鼠标触发的回调函数。该回调函数的参数格式为(event, x, y, s, p)，x 与 y 即鼠标当前所在位置的坐标。
- 第 3 个参数：float 类型的 param，表示传递给回调函数的可选参数。

kalman.correct() 函数用于优化预测位置，其基本格式如下：

```
kalman.correct(measurement)
```

- 参数：NumPy 数组类型的 measurement，表示当前图像帧的状态。

kalman.predict() 函数用于预测下一帧位置，其基本格式如下：

```
kalman.predict(control)
```

- 参数：NumPy 数组类型的 control，表示可选的输入控制。

观察程序运行结果可以发现，当鼠标向四周移动时，若突然急转弯，预测轨迹线并不会立即跟随转弯，而是会继续前进一段距离后才转弯。这种现象是因为卡尔曼滤波器的预测机制基于鼠标的运动规律进行计算。

10.5.3　CAMShift 目标跟踪与卡尔曼滤波器预测程序

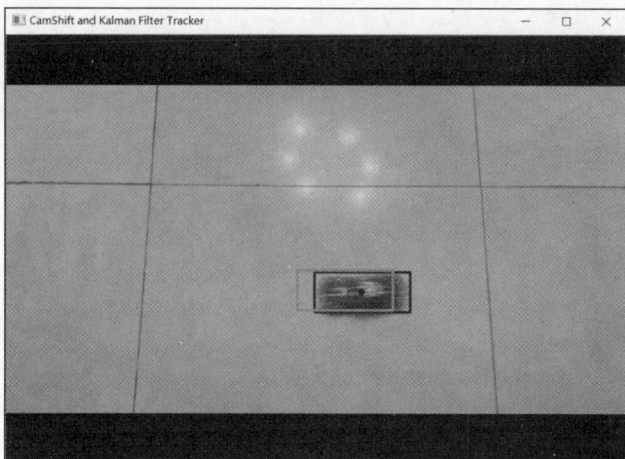

至此，我们已经对目标跟踪有所了解，接下来我们结合 CAMShift 和卡尔曼滤波器实现对红色小车的目标跟踪与预测。

在编写程序之前，我们整理一下程序对红色小车进行跟踪的逻辑步骤，具体如下。

- 提取第一帧视频帧。
- 选择 ROI。
- 计算图像 HSV 色彩空间中色度分量的直方图。
- 利用直方图计算图像的反向投影图。
- 应用 CAMShift 跟踪小车并绘制路径。
- 计算小车位置矩形的中心点。
- 应用卡尔曼滤波器修正小车位置。
- 应用卡尔曼滤波器预测小车下一帧位置。
- 计算偏移量，并绘制预测位置。

整理好逻辑步骤后，便可以开始编写红色小车的目标跟踪与预测程序，效果如图 10-19 所示。

图 10-19　CAMShift 目标跟踪与卡尔曼滤波器预测程序效果

程序如下：

```
import cv2
import numpy as np

RED = {'Lower': np.array([156, 43, 46]), 'Upper': np.array([180, 255, 255])}
criteria = (cv2.TERM_CRITERIA_EPS | cv2.TERM_CRITERIA_COUNT, 10, 1)
current_measurement = np.array((2, 1), np.float32)
current_prediction = np.zeros((2, 1), np.float32)
```

```python
    kalman = cv2.KalmanFilter(4, 2)
    def kalman_init():
        global kalman
        kalman.measurementMatrix = np.array([[1, 0, 0, 0], [0, 1, 0, 0]],
np.float32)
        kalman.transitionMatrix = np.array([[1, 0, 1, 0], [0, 1, 0, 1], [0, 0,
1, 0], [0, 0, 0, 1]], np.float32)
        kalman.processNoiseCov = np.array([[1, 0, 0, 0], [0, 1, 0, 0], [0, 0,
1, 0], [0, 0, 0, 1]], np.float32) * 0.03
    def center(points):                                    # 计算矩阵中心点
        x, y = 0,0
        for i in range(len(points)):
            x += points[i][0]
            y += points[i][1]
        x /= 4
        y /= 4
        return np.array([np.float32(x), np.float32(y)], np.float32)
    def offset_rect(predict_center, current_center):
                                    # 计算卡尔曼滤波器预测结果与当前中心点偏差值
        w = predict_center[0] - current_center[0]
        h = predict_center[1] - current_center[1]
        return w, h
    def update(frame, roi, hist_normalize):
        hsv = cv2.cvtColor(frame, cv2.COLOR_BGR2HSV)
        dst = cv2.calcBackProject([hsv], [0], hist_normalize, [0, 180], 1.0)
        ret, (x, y, w, h) = cv2.CamShift(dst, roi, criteria)  # CAMShift 位置跟踪
        roi = (x, y, w, h)
        pts = np.int0(cv2.boxPoints(ret))
        cv2.rectangle(frame, (x, y), (x + w, y + h), 255, 2)
        current_measurement = center(pts)
        cv2.circle(frame, (current_measurement[0], current_measurement[1]), 4,
(255, 0, 0), -1)                                           # 绘制位置中心
        kalman.correct(current_measurement)
        current_prediction = kalman.predict()
        px, py, pw, ph = np.int0(current_prediction)
        offset_w, offset_h = offset_rect((px, py), np.int0(current_
measurement))
```

```
        cv2.rectangle(frame, (x + offset_w, y + offset_h), (x + w + offset_w,
y + h + offset_h), (0,255,0), 2)                        # 绘制预测结果边框
        cv2.circle(frame, (px, py), 4, (0, 255, 0), -1)        # 绘制预测结果中心
        return frame, roi
    def main(capture):
        kalman_init()
        firstRead = True
        while True:
            ret, frame = capture.read()
            if firstRead:
                roi = cv2.selectROI("CamShift and Kalman Filter Tracker", frame)
                (x, y, w, h) = roi
                hsv = cv2.cvtColor(frame[y:y+w, x:x+w], cv2.COLOR_BGR2HSV)
                mask = cv2.inRange(hsv, RED['Lower'], RED['Upper'])
                hist = cv2.calcHist([hsv], [0], mask, [16], [0, 180])
                                        # 计算图像的 HSV 色彩空间的色度的直方图
                hist_normalize = cv2.normalize(hist, None, 0, 255, cv2.NORM_
MINMAX)                                                      # 归一化处理
                frame, roi = update(frame, roi, hist_normalize)   # 更新预测结果
                firstRead = False
                continue
            frame, roi = update(frame, roi, hist_normalize)      # 更新预测结果
            cv2.imshow('CamShift and Kalman Filter Tracker', frame)
            k = cv2.waitKey(0) & 0xFF
            if (k == 113):                                       # 按 q 键 退出
                break
        capture.release()
        cv2.destroyAllWindows()
    if __name__ == '__main__':
        capture = cv2.VideoCapture()
        capture.open('redcar.avi')
        main(capture)
```

在目标跟踪结果中，蓝色矩形框代表 CAMShift 的跟踪情况，绿色矩形框代表卡尔曼滤波器的预测情况，绿色中心点为预测框的中心点，蓝色中心点为跟踪框的中心点。

10.6　小结

在本章，我们学习了多种目标跟踪算法，并完成了相应程序的编写。我们了解了背景

差分法的基本原理，即通过对比前、后两帧图像的像素点实现前景与背景分离，了解了 HSV 色彩空间并利用它实现目标跟踪，了解了光流法的基本原理以及两种光流类型的计算方式，了解了 CAMShift 通过直方图的反向投影图进行跟踪，卡尔曼滤波器通过目标的实际位置来修正并预测目标位置。

最后，通过编写红色小车的目标跟踪与预测程序，我们对 CAMShift 和卡尔曼滤波器的结合运用有了更清晰的理解。

习题

1. 背景差分法是对背景模型的每一个像素与当前帧的每一个像素进行减法运算，并做_____处理将结果_____，根据处理结果判断像素属于前景还是背景。

2. LBP 即_____模式。这是一种用于描述图像_____纹理特征的算子。

3. 如图 10-20 所示，在像素的 8 邻域中，以中心像素的灰度值为阈值，请写出该 LBP 特征提取的其中一种二进制组合。

7	3	2
1	6	3
8	5	1

图 10-20　像素的 8 邻域

4. 下列语句表示使用 MOG2 进行背景分割的是（　　　）。

   A. cv2.ml.BackgroundSubtractorMOG2

   B. cv2.ml.BackgroundSubtractorKNN

   C. cv2.ml.BackgroundSubtractorCNT

   D. cv2.BackgroundSubtractorMOG2

5. 请尝试使用不同的背景分割算法，对自己的人像视频进行人物检测并标记，分析哪种算法的分割效果更精确。

6. HSV 色彩空间由三个组成部分来表达图像，即_____、_____、_____。

7. 在使用 cv2.inRange()函数对图像进行颜色分割后，返回的图像属于（　　　）。

   A. 二值图像

   B. BGR 通道图像

   C. RGB 通道图像

   D. HSV 通道图像

8. 光流描述的是运动目标在观察成像平面上的像素运动的_____。

9. 光流场是一个二维矢量场，它反映了图像上每一点灰度的变化趋势，可以看成带有灰度的像素点在图像平面上运动所产生的瞬时速度场，它所包含的信息即各个像素点的_____。

10. 光流法的基本原理是利用图像的像素在时间域上的_____及相邻帧之间的_____确定上一帧与当前帧之间的对应关系，进而计算出相邻帧之间物体的运动信息。

11. 稀疏光流通常需要指定目标的一组_____作为跟踪点进行跟踪。稠密光流通常要求将_____逐一比较，对发生变化的像素点进行标记。

12. 用于实现 KLT 光流法的函数是（　　　　）。

    A.　cv2.ml.calcOpticalFlowPyrLK()

    B.　cv2.ml.calcOpticalFlowFarneback()

    C.　cv2.calcOpticalFlowFarneback()

    D.　cv2.calcOpticalFlowPyrLK()

13. MeanShift 是通过向特征数据点密度函数_____梯度方向逐步迭代偏移至_____梯度值近似为_____，即到达最密集的地方。

14. CAMShift 的基本思想是利用目标的_____色彩空间模型将当前帧图像反向投影为概率分布图，初始化搜索窗的尺寸和位置，并根据_____得到的结果自适应调整搜索窗口的位置和尺寸，从而定位当前图像中目标的_____位置。

15. 用于创建卡尔曼滤波器实例的函数是（　　　　）。

    A.　cv2.ml.KalmanFilter()

    B.　cv2.KalmanFilter()

    C.　cv2.Kalman()

    D.　cv2.ml.Kalman()

第❶❶章　神经网络

学习目标

- 掌握人工神经网络的概念与结构。
- 掌握 OpenCV 中的人工神经网络模块使用方法。
- 掌握 OpenCV 中人工神经网络模块对数据集的训练与预测。

基于数据的机器学习是现代智能技术的重要方面，其目的是从观测数据中寻找规律，并利用这些规律对未来数据或无法观测的数据进行预测。在第 9 章，我们已经基本了解 SVM 的相关知识，并掌握了如何运用 SVM 对数据集进行训练与预测。

本章我们将深入 OpenCV 的机器学习领域，学习人工神经网络的概念，以及如何运用 OpenCV 中的人工神经网络模块对数据进行训练与预测。

11.1 人工神经网络

ANN（artificial neural network，人工神经网络）是一种由大量神经元互相连接所组成的复杂网络结构，它模拟了生物神经网络或动物大脑的组织结构和功能。

11.1.1 神经元模型

神经元模型是一个描述神经元特性的数学模型，也是一个包含输入、输出与计算功能的模型。图 11-1 所示是一个典型的神经元模型。

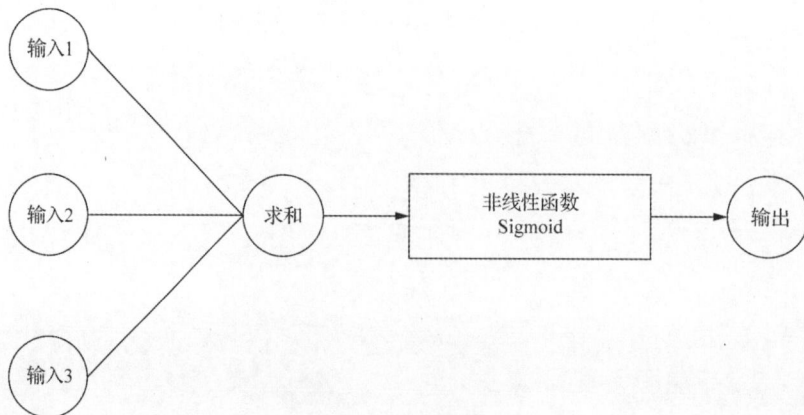

图 11-1　神经元模型

11.1.2　神经网络结构

图 11-2 为可视化的神经网络结构，图中的节点代表神经元，连接线代表神经元之间的连接，每条连接线对应一个不同的权重。经典的神经网络通常包含 3 个层次，分别为输入层（input layer）、隐藏层（hidden layer）、输出层（output layer）。

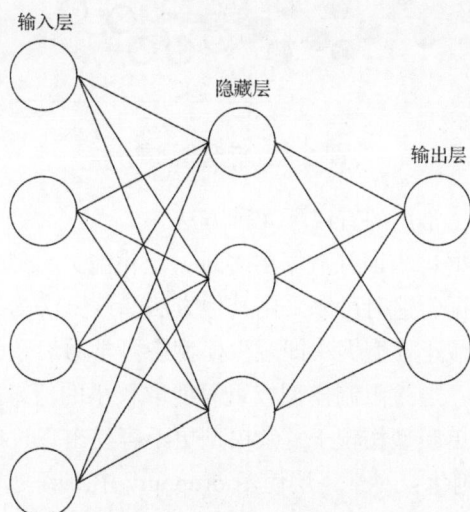

图 11-2　可视化的神经网络结构

（1）输入层：神经网络的输入数目。例如，网络需要判断输入图像是否为人，则需要考虑人的五官、四肢、体重、身高等属性，如果有 4 个属性就需要 4 个输入节点。

（2）隐藏层：负责对输入层的信息进行加工处理。类似于人的感知神经，需要经过神经传递加工才能形成对感知的理解。隐藏层可以有多层，但通常只需要一层。要想确定隐藏层的神经元数目并找到最优数目，需要使用不同的设置方法进行测试。隐藏层的神经元数目的选择原则如下。

- 隐藏层的神经元数目应在输入层与输出层神经元数目之间。
- 如果输入层与输出层神经元数目差距显著，则隐藏层的神经元数目应更接近输出层神经元数目。
- 如果输入层神经元数目相对较小，则隐藏层的神经元数目最好设置为输入层和输出层神经元数目之和的三分之二，或者小于输入层神经元数目的两倍。

（3）输出层：神经网络的输出，输出的是信息在神经元中经过传递、中转、分析和权衡后形成的结果，通过输出结果可以直接看出计算机对事物的认知。

11.1.3　过拟合现象

在训练过程中，我们在训练集上得到了最优模型，但当我们将该模型应用于测试集时，却发现测试结果误差很大。这通常指向一种特别常见且重要的现象——过拟合现象（Overfitting）。图 11-3 所示为分类问题中的过拟合现象，可以看出因为模型拟合程度过高，数据点过于接近拟合曲线，模型对训练数据中的噪声过于敏感。

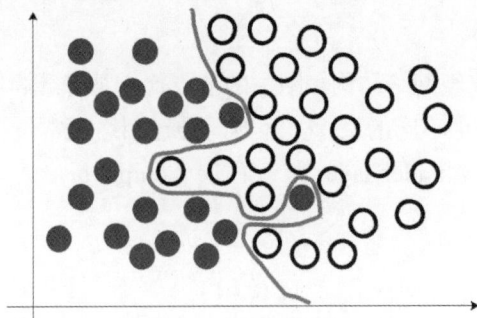

图 11-3　过拟合现象

对于消除过拟合现象，常用的有以下 4 种方法。

（1）添加更多训练数据：当训练数据更多时，泛化能力自然也更好。然而，在很多情况下我们无法获取更多数据，这时可以采用其他方法。该方法为最优解决方法。

（2）减小模型大小：减小模型大小即减少模型中可学习参数的个数。

（3）添加权重正则化：通过限制模型权重只能取较小的值来降低模型的复杂度，使权重值的分布更加规则。简单模型相较于复杂模型更不容易出现过拟合现象。

（4）添加 dropout 正则化：对某一层使用 dropout，在训练过程中随机舍弃该层的一些输出特征。

11.1.4　欠拟合现象

当使用已经训练完成的模型进行测试时，如果模型在训练集和测试集的表现都很差，则可能出现了欠拟合现象。图 11-4 所示为分类问题中的欠拟合现象，表现为模型拟合程度不高，数据点距离拟合曲线较远。这意味着模型没有很好地捕捉到数据特征，因此无法准确拟合数据。

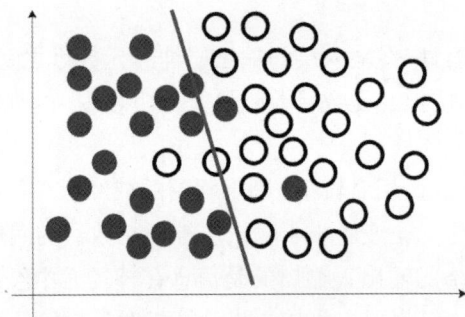

图 11-4　欠拟合现象

对于消除欠拟合现象，常用的有以下 3 种方法。

（1）添加新的特征项：有时模型出现欠拟合是因为特征项不足，通过添加其他特征项可以有效解决这类欠拟合问题。

（2）添加多项式特征：例如，为线性模型添加二次项或者三次项，以增强模型的泛化能力。

（3）减少正则化参数：正则化的目的是防止过拟合，但当模型出现欠拟合时，应适当减少正则化参数。

11.1.5　ANN 算法分类

ANN 算法主要分为监督学习、无监督学习、半监督学习和强化学习 4 类。

（1）监督学习：其训练集样本由输入对象特征和输出结果标签组成。通过训练，机器可以找到特征与标签之间的联系，从而在面对只有特征、没有标签的数据时预测出相应的标签。

（2）无监督学习：与监督学习相反，无监督学习的训练集样本只有输入对象特征，机器要根据聚类或其他模型方法找到数据之间的关系。

（3）半监督学习：监督学习和无监督学习的结合，其训练集样本中部分特征带有标签，而大部分缺少标签。在半监督学习中，有两种学习方法：一种是将没有标签的数据与有标签的数据同等对待进行训练，另一种是将没有标签的数据作为待测试数据。

（4）强化学习：其训练集样本只有输入对象特征。在训练过程中，机器会根据决策机制做出决策，每次测试只给出一个评分，而这种分数导向相当于监督学习中的正确标签。机器在环境中不断尝试，并根据测试数据对应的分数标签，学习能够获得高分的行为。

11.2　ANN 工作原理

OpenCV 中提供了用于 ANN 的 ml_ANN_MLP 类。接下来，我们将通过一个简单的例子来初步了解 ANN 的工作原理。

ANN 工作原理

程序如下：

```
import cv2
import numpy as np
TrainData = np.array([[1.5, 2.1, 2.7, 3.3, 3.9, 4.8]], dtype=np.float32)
TrainLabel = np.array([[0,0,0,1,0,0]], dtype=np.float32)
TestData = np.array([[ 1.2, 2.3, 2.5, 3.4, 3.8, 4.5]], dtype=np.float32)
ann = cv2.ml.ANN_MLP_create()
ann.setLayerSizes(np.array([6, 4, 6], dtype=np.uint8))
# 创建一个输入层为 6 个节点、隐藏层为 4 个节点、输出层为 6 个节点的 ANN
ann.setTrainMethod(cv2.ml.ANN_MLP_BACKPROP) # 使用反向传播算法进行学习
ann.train(TrainData, cv2.ml.ROW_SAMPLE, TrainLabel)
print(ann.predict(TestData))
```

输出结果：

```
(3.0,  array([[-0.02089602,    0.16381313,  -0.03753301,    0.91258496,
-0.0683352 ,  -0.17506224]], dtype=float32))
```

在上述程序中，首先使用 cv2.ml.ANN_MLP_create() 函数创建 ml_ANN_MLP 实例，接着使

用 cv2.ml.ANN_MLP_create().setLayerSizes()函数与 cv2.ml.ANN_MLP_create().setTrainMethod()
函数设置 ANN 的网络结构与训练算法，然后使用 cv2.ml.ANN_MLP_create().train()函数
对训练数据进行训练，最后使用 cv2.ml.ANN_MLP_create().predict()函数对测试数据进行
测试。

cv2.ml.ANN_MLP_create().setLayerSizes()函数用于设置 ANN 的网络结构，其基本格式
如下：

```
cv2.ml.ANN_MLP_create().setLayerSizes(_layer_sizes)
```

- 参数：NumPy 数组类型的_layer_sizes，表示 ANN 的层次结构与节点数目。

cv2.ml.ANN_MLP_create().setTrainMethod()函数用于设置 ANN 的训练算法，其基本格
式如下：

```
cv2.ml.ANN_MLP_create().setTrainMethod(method, param1, param2)
```

- 第 1 个参数：int 类型的 method，表示 ANN 训练方法，具体参数如表 11-1 所示，
默认值为 ANN_MLP_BACKPROP。

表 11-1　method 常用参数

常用参数	描述
cv2.ml.ANN_MLP_BACKPROP	表示反向传播算法，值为 0
cv2.ml.ANN_MLP_RPROP	表示 RPROP 算法，值为 1
cv2.ml.ANN_MLP_ANNEAL	表示模拟退火算法，值为 2

- 第 2 个参数：float 类型的 param1，表示 ANN_MLP_RPROP 的 setRpropDW0 或
ANN_MLP_BACKPROP 的 setBackpropWeightScale 或 ANN_MLP_ANNEAL 的 initialT。
- 第 3 个参数：float 类型的 param2，表示 ANN_MLP_RPROP 的 setRpropDWMin 或
ANN_MLP_BACKPROP 的 setBackpropMomentumScale 或 ANN_MLP_ANNEAL 的 finalT。

在上述程序中，ANN 包含 6 个节点的输入层、4 个节点的隐藏层与 6 个节点的输出层，
采用 BACKPROP 反向传播算法进行学习，可以根据分类误差来改变权重。cv2.ml.ANN_
MLP_create().train()函数和 cv2.ml.ANN_MLP_create().predict()函数与 SVM 相同，都是继承于
ml.StatModel。观察 cv2.ml.ANN_MLP_create().train()函数的输出标签，所指定的训练输入数
组对应的是 0 到 6 类中的 3 类，这种形式的标签被称为独热编码（One-Hot）。

程序运行后，返回的结果是一个元组。元组中的第 1 个值代表类标签，第 2 个值代表
每个值对应每个类的概率。例如，预测结果中的 3.0 表示该测试输入数据被神经网络分类
为第 3 类，后面数组中的最大概率值约为 0.91，其索引为 3，进一步表明输入数据与第 3
类的匹配度最高。

11.3　MNIST 手写数字识别

本节中我们将通过学习 MNIST 手写数字识别的程序，掌握 ANN 的基本原理与结构，
以及基于应用需求来设计神经网络的拓扑结构。

11.3.1　MNIST 手写数字数据库

学习编程时，通常会从输出"Hello World"开始。机器学习的入门级数据集就是 MNIST。MNIST 是一个入门级的计算机视觉数据集，它包含各种手写数字图像，如图 11-5 所示。

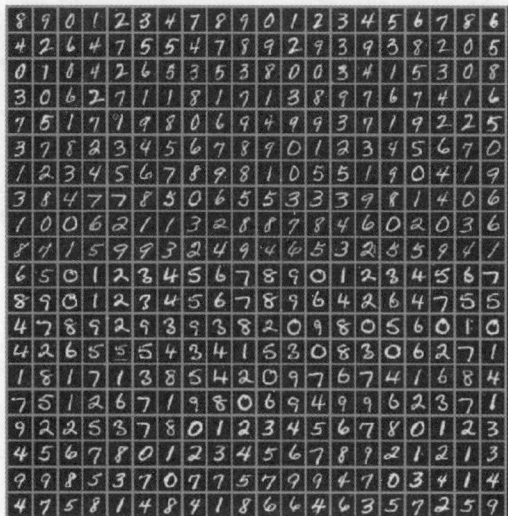

图 11-5　MNIST 中的手写数字图像

MNIST 不仅包含各种手写数字图像，还包含每一个图像对应的标签，即该图像所代表的数字结果。

MNIST 数据集的文件列表如下：

mnist
| 　　　train-images-idx3-ubyte.gz
| 　　　train-labels-idx1-ubyte.gz
| 　　　t10k-images-idx3-ubyte.gz
└── 　t10k-labels-idx1-ubyte.gz

MNIST 数据集分为两个部分，前缀名为 train 的文件是训练集文件，前缀名为 t10k 的文件是测试集文件。后缀名为 images 和 labels 的文件分别对应图像与标签文件。训练集包含 60000 行训练数据，测试集包含 10000 行测试数据，每幅图像数据包含 784(28×28)个像素点。

在了解 MNIST 数据集的文件结构后，我们编写一个模块，用于从 MNIST 数据集中提取数据。

模块程序如下：

```
import os
import gzip
import numpy as np
import cv2
LABEL_SUFFIX = 'labels-idx1-ubyte.gz'
IMG_SUFFIX = 'images-idx3-ubyte.gz'
```

```
TEST_PREFIX = 't10k'
TRAIN_PREFIX = 'train'
def load_mnist(path, label_suffix, img_suffix, kind):
    # 合并路径
    labels_path = os.path.join(path, '%s-%s' % (kind, label_suffix))
    images_path = os.path.join(path, '%s-%s' % (kind, img_suffix))
    with gzip.open(labels_path, 'rb') as lbpath:    # 加载标签
        labels = np.frombuffer(lbpath.read(), dtype=np.uint8,
                            offset=8)
    with gzip.open(images_path, 'rb') as imgpath:    # 加载图像
        images = np.frombuffer(imgpath.read(), dtype=np.uint8,
                            offset=16).reshape(len(labels), 784)
    return images, labels
def wrap_data():    # 获取训练集与测试集数据
    test_data = load_mnist("../DataSets/mnist/", label_suffix=
LABEL_SUFFIX, img_suffix=IMG_SUFFIX, kind=TEST_PREFIX)
    train_data = load_mnist("../DataSets/mnist/", label_suffix=
LABEL_SUFFIX, img_suffix=IMG_SUFFIX, kind=TRAIN_PREFIX)
    return (train_data, test_data)
```

从上述程序可以看出，该模块包含两个函数，load_mnist()函数用于加载本地路径中的 MNIST 数据集，wrap_data()函数用于返回训练集与测试集中的数据。

对模块进行测试：

```
if __name__ == '__main__':
    train_data, test_data = wrap_data()
    print("Train Data Images: ")
    print(train_data[0])
    print("Train Data Labels: ")
    print(train_data[1])
    print("Test Data Images: ")
    print(test_data[0])
    print("Test Data Images: ")
    print(test_data[1])
    cv2.imshow("mnist image", train_data[0][0].reshape(28,28))
    cv2.waitKey(0)
```

输出结果：

```
Train Data Images:
[ 0 0 … 253 253 253 … 253 253 212 135 132 16 … 0 0 ]
```

```
Train Data Labels:

5

Test Data Images:

[ 0 0 … 222 254 254 … 121 254 254 219 40 0 … 0 0 ]

Test Data Images:

7
```

11.3.2 基于 ANN 的手写数字识别程序

接下来，我们利用 MNIST 数据集进行 ANN 训练，实现对手写数字的识别。

程序如下：

```python
import cv2

import numpy as np

from ANN import mnist_reader

MODEL_PATH = "./model/mnist.xml"

def create_ANN(hidden=20):

  ann = cv2.ml.ANN_MLP_create()

  ann.setLayerSizes(np.array([784, hidden, 10]))

  ann.setTrainMethod(cv2.ml.ANN_MLP_RPROP)

  ann.setActivationFunction(cv2.ml.ANN_MLP_SIGMOID_SYM)

  ann.setTermCriteria((cv2.TERM_CRITERIA_EPS | cv2.TERM_CRITERIA_COUNT,
100, 1))

  return ann

def train(ann, tr, samples = 60000, epochs = 1):

  data, labels = tr[0], tr[1]

  data = data.astype(np.float32)

  data /= 255 # 归一化处理

  for epoch in range(epochs):

    count = 0

    for item in data:

      if count == samples:

        break

      if count % 1000 == 0:

        print("Training %i / %i" % (count, samples))

      label = [0 for n in range(10)]    # 转换为独热编码

      label[labels[count]] = 1

      ann.train(np.array([item.ravel()], dtype=np.float32), cv2.ml.ROW_
SAMPLE, np.array([label], dtype=np.float32))
```

```
        count += 1
      print("Epoch %d Finished" % (epoch + 1))
    ann.save(MODEL_PATH)
    print("Model was saved.")
    return ann


def test(ann, test_data):
    data, label = test_data[0], test_data[1]
    count, correct_number = 0, 0
    data = data.astype(np.float32)
    data /= 255 # 归一化处理
    for item in data:
        sample = np.array(item.ravel(), dtype=np.float32).reshape(28, 28)
        result = ann.predict(np.array([sample.ravel()], dtype=np.float32))
        if result[0] == label[count]:
            correct_number +=1
        count += 1
    rate = correct_number / count
    print('准确率是: %f' % rate)
if __name__ == '__main__':
    train_data, test_data= mnist_reader.wrap_data()
    need_retrain = input('是否需要重新训练? y/n\n')
    if need_retrain == 'y':
        ann = train(create_ANN(64), train_data, epochs=10)
    else:
        ann = cv2.ml.ANN_MLP_load(MODEL_PATH)
    test(ann, test_data)
```

在上述程序中，首先通过 mnist_reader 模块中的 wrap_data()函数获取 MNIST 数据集中的训练集和测试集，接着初始化 ANN 实例，设置有 784 个节点的输入层、64 个节点的隐藏层和 10 个节点的输出层，对应图像 784 个像素点和 0~9 的数字分类。然后，使用 ANN 实例对 MNIST 训练集进行训练。训练完成后，使用 cv2.ml.ANN_MLP_create().save()函数保存模型，便于在测试时使用 cv2.ml.ANN_MLP_load()函数读取模型。最后，对测试集数据进行测试，计算并输出准确率。

cv2.ml.ANN_MLP_create().setActivationFunction()函数用来设置不同的激活参数，其基本格式如下：

```
cv2.ml.ANN_MLP_create().setActivationFunction(type, param1, param2)
```

- 第 1 个参数：int 类型的 type，表示激活函数的类型，具体类型如表 11-2 所示。

表 11-2 type 常见类型

常见类型	描述
cv2.ml.ANN_MLP_IDENTITY	表示恒等函数，值为 0。 $F(x) = x$
cv2.ml.ANN_MLP_SIGMOID_SYM	表示对称 Sigmoid 函数，值为 1。 $F(x) = \beta\left(1 - e^{-\alpha x}\right)\left(1 + e^{-\alpha x}\right)$
cv2.ml.ANN_MLP_GAUSSIAN	表示高斯函数，值为 2。 $F(x) = \beta e^{-\alpha x^2}$
cv2.ml.ANN_MLP_RELU	表示线性整流 ReLU 函数，值为 3。 $F(x) = \max(0, x)$
cv2.ml.ANN_MLP_LEAKYRELU	表示 Leaky ReLU 函数，值为 4。 当 $x > 0$ 时与 ReLU 相同，$F(x) = x$。 当 $x \leqslant 0$ 时，$F(x) = \alpha x$

- 第 2 个参数：float 类型的 param1，表示激活函数的第一个参数 α。默认值为 0。
- 第 3 个参数：float 类型的 param2，表示激活函数的第二个参数 β。默认值为 0。

cv2.ml.ANN_MLP_create().setTermCriteria()函数用于设置迭代算法终止条件，其基本格式如下：

```
cv2.ml.ANN_MLP_create().setTermCriteria(val)
```

- 参数：tuple 类型的 val，表示算法的迭代终止条件。

cv2.ml.ANN_MLP_load()函数用于读取模型，其基本格式如下：

```
cv2.ml.ANN_MLP_load(filepath) -> retval
```

- 参数：str 类型的 filepath，表示 ANN 模型的本地路径。
- 返回值：ml_ANN_MLP 类的 retval，表示加载的 ANN 模型。

11.3.3 手写数字预测

接下来，我们使用训练好的 ANN 模型，对手写数字图像进行识别，结果如图 11-6 所示。

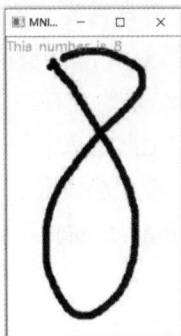

图 11-6 手写数字 8 识别结果

程序如下：

```
import cv2
import numpy as np
MODEL_PATH = "./model/mnist.xml"
ann = cv2.ml.ANN_MLP_load(MODEL_PATH)
font = cv2.FONT_HERSHEY_SIMPLEX
path = "../DataSets/number.jpg"
def predict(ann, sample):
  resized = sample.copy()
  rows, cols = resized.shape
  if (rows != 28 or cols != 28) and rows * cols > 0:      # 判断图像尺寸是否为
28×28
    resized = cv2.resize(resized, (28, 28), interpolation=cv2.INTER_LINEAR)
    # 修改图像尺寸为 28×28
  resized = cv2.dilate(resized, np.ones((2, 2), np.uint8))  # 膨胀像素
  return ann.predict(np.array([resized.ravel()], dtype=np.float32))
img = cv2.imread(path)
# 图像预处理
gray = cv2.cvtColor(img, cv2.COLOR_BGR2GRAY)
gas = cv2.GaussianBlur(gray, (7, 7), 0)
ret, th = cv2.threshold(gas, 127, 255, cv2.THRESH_BINARY_INV)
th = cv2.erode(th, np.ones((2, 2), np.uint8), iterations=2)
predict_number = int(predict(ann, th)[0])     # 预测
cv2.putText(img, "This number is %d" % predict_number, (0, 15), font, 0.5,
(0, 255, 0))
cv2.imshow('MNIST Predict', img)
cv2.waitKey()
```

在上述程序中，首先通过 cv2.ml.ANN_MLP_load()函数加载训练好的模型，随后加载手写数字图像，并对图像进行预处理，将其转为二值图像。接着，将图像尺寸修改为 28×28，并对像素进行膨胀处理，以避免修改尺寸导致特征像素点不足。最后，使用 ANN 实例的 predict()函数进行预测，并将预测结果绘制在图像中。

本节关于手写数字识别程序的介绍至此结束。该 ANN 模型的预测效果可能并不理想，针对这种情况，可以考虑扩大数据集、增大迭代次数，或使用 setTrainMethod()函数设置不同的训练方法，以及使用 setActivationFunction()函数设置不同的激活函数，以达到更好的预测效果。

11.4　小结

在本章，我们学习了 ANN 的概念与结构，并通过完成一个简单的 ANN 例子及 MNIST 手写数字识别程序，掌握了在 OpenCV 中如何使用 ANN 进行数据的学习训练与分类预测。

习题

1. 神经元模型是一个包含_____、_____与_____功能的模型。
2. 一个经典的神经网络包含 3 个层次，分别为_____、_____、_____。
3. 分类问题中过拟合现象的消除方法有_____、_____、_____、_____。
4. 分类问题中欠拟合现象的消除方法有_____、_____、_____。
5. 人工神经网络的学习算法主要分为监督学习、无监督学习、半监督学习和强化学习四类，请分析各个学习算法的区别。
6. 用于创建 ANN 实例的函数是（　　　）。
    A. cv2.ml.ANN_MLP_create()
    B. cv2.ml.ANN()
    C. cv2.ANN()
    D. cv2.ml.ANN_create()
7. 用于设置 ANN 实例输入层数的函数是（　　　）。
    A. setLayerSizes()
    B. setInputSizes()
    C. setInputLayer()
    D. set_Layer()
8. 用于加载 ANN 模型的函数是（　　　）。
    A. cv2.ml.ANN_MLP_load()
    B. setInputSizes()
    C. setInputLayer()
    D. set_Layer()
9. 在手写数字识别预测中，测试算法在下列不同数量的训练集样本条件下的效果。
（1）150 个训练样本。
（2）500 个训练样本。
（3）1500 个训练样本。
（4）6000 个训练样本。
请解释结果，并说明随着训练样本数量的增加，算法的表现发生了怎样的变化。

第 12 章　YOLOv5 目标检测

学习目标

- 掌握 YOLOv5 的数据格式与数据集参数配置。
- 掌握 YOLOv5 的训练与预测参数设置。
- 掌握 OpenCV 在 YOLOv5 中的运用。

在第 11 章，我们学习了基于 OpenCV 的 ANN。ANN 是一种模拟人体或生物神经元网络结构的框架，包含输入层、隐藏层和输出层三层结构。然而，由于结构简单，ANN 难以处理非线性问题。为了突破这一局限，研究者通过添加隐藏层，并引入 Sigmoid() 与 tanh() 函数，成功应对非线性问题。这种经过改进的神经网络即深度神经网络（deep neural network，DNN）。

本章我们将学习 YOLO，以便更好地理解 OpenCV 在神经网络目标识别项目中的应用。本书所使用的 YOLO 版本为 v5。我们将使用 YOLOv5 对口罩数据集进行模型训练，并结合 OpenCV 与 PyTorch，完成对图像中人物是否佩戴口罩的检测任务。

12.1　YOLOv5 的安装与配置

YOLO（You Only Look Once，你只看一次）是一种对象检测算法，其工作原理是将图像划分为网格系统，每个网格单元负责检测自身内部的对象。由于其出色的检测速度和准确性，YOLO 已成为目标检测领域的常用算法之一。

相较于其他目标检测算法，YOLO 采用了回归方法，因此其检测速度非常快。并且，YOLO 基于整张图片信息进行预测，这与前几章中所学习的基于滑动探测器的目标检测算法不同。滑动探测器只能基于局部图像信息进行识别。YOLO 构建了一个完整框架，我们只需向 YOLO 框架提供数据集，并调整训练参数和预测参数，即可实现目标检测。

（1）下载 YOLOv5 预训练模型，其下载页面如图 12-1 所示。

Assets 6	
⊘ yolov5l.pt	91.6 MB
⊘ yolov5m.pt	41.9 MB
⊘ yolov5s.pt	14.5 MB
⊘ yolov5x.pt	170 MB
🗋 Source code (zip)	
🗋 Source code (tar.gz)	

图 12-1　YOLOv5 预训练模型下载页面

YOLOv5 的框架文件结构如下。

```
yolov5-2.0
│    detect.py
│    train.py
│    test.py
│    hubconf.py
│    requirements.txt
│    ...
├──data
│       voc.yaml
│       coco.yaml
│       coco128.yaml
│       ...
├──inference
├──models
│       export.py
│       yolo.py
│       yolov5l.yaml
│       ...
├──utils
└──weights
```

　　YOLOv5 的文件结构包含多个模块。主目录下，detect.py 为检测模块程序。train.py 为训练模块程序。test.py 为测试模块程序，它会在训练过程中调用其中的函数以进行验证。data 文件夹用于存放数据集文件，其中 coco.yaml 和 coco128.yaml 为 YOLOv5 提供的数据集文件，包含 COCO 数据集中的分类项参数。我们在训练自己的数据集时，可以参考这些文件进行修改。inference 文件夹用于存放测试图像与输出图像数据。models 文件夹用于存放 YOLOv5 各个模型的权重文件。utils 文件夹用于存放框架的函数方法。weights 文件夹用于存放初始网络权重文件。

　　（2）安装 YOLOv5 正常运行所需的外部库。在框架主目录中打开命令行窗口，使用 pip 进行安装。

```
# 进入框架主目录并用 pip 安装所有依赖库
F:\>cd yolov5-2.0 & pip install -r requirements.txt
```

当出现 Successfully installed 时，表示 YOLOv5 框架已安装完毕。

12.2　基于 YOLOv5 的目标检测

　　本节我们将利用 YOLOv5 已预训练完成的模型对视频中的目标进行检测，通过这个简单的例子来了解 YOLOv5 的检测效果，如图 12-2 所示。

图 12-2　YOLOv5 的检测效果

程序如下：

```
import cv2
import torch
DATASETS_PATH = '../dataset'
VIDEO_PATH = DATASETS_PATH + '/People1.mp4'
# 加载 YOLOv5 官方模型
model = torch.hub.load('ultralytics/yolov5', 'yolov5s')
# 加载原视频
capture = cv2.VideoCapture()
capture.open(VIDEO_PATH)
while True:
    ret, frame = capture.read()
    frame = cv2.resize(frame, (int(frame.shape[1] / 2), int(frame.shape[0] / 2)))
    if hasattr(torch.cuda, 'empty_cache'):
        torch.cuda.empty_cache()   # 释放内存
    results = model([frame], size=640)  # 用 YOLOv5 训练传进来的帧图像
    results.save(DATASETS_PATH)   #临时保存训练好的图像
    cv2.imshow('test',frame)
    k = cv2.waitKey(0) & 0xFF
    if (k == 113):  # 按 q 键退出
        break
capture.release()
cv2.destroyAllWindows()
```

上述程序中，首先使用 torch.hub.load()函数加载 YOLOv5 中的预训练模型 yolov5s.pt，

随后加载视频文件，使用该模型进行预测，并显示结果。

　　观察图 12-2 所示的运行结果，可以看出 YOLOv5 所训练的模型的目标检测结果非常精准且快速，这也是我们选择使用 YOLOv5 的原因。接下来，我们将从头开始，使用 YOLOv5 训练自己的数据集，并通过这个训练好的模型，在 OpenCV 中对视频进行目标检测。

12.3　YOLO 数据集

　　在 YOLOv5 中，数据集采用 YOLO 特有的格式。接下来，我们通过 YOLO 数据集来了解 YOLO 标注格式。

12.3.1　分析数据集

　　YOLO 数据集为口罩数据集，包含戴口罩与不戴口罩人物的图像分类。观察该数据集的文件架构，具体如下。

```
dataset
│    test.txt
│    train.txt
│    valid.txt
├─images
│        classes.txt
├──────train
│                0_10725.jpg
│                0_10725.txt
│                ...
├──────test
└──────valid
```

　　该数据集中标记参数与类型分类均已完成。主目录下可以看到 test.txt、train.txt 和 valid.txt 这 3 个文件，它们分别记录了训练集、测试集和验证集的图像路径，用于后续的训练、测试及验证。images 文件夹中的 classes.txt 为图像的分类类型，train、test 和 valid 分别为训练集图像、测试集图像和验证集图像文件夹。在每个图像文件夹中，每幅图像对应一个同名的.txt 文件，该文件记录了对应图像的标注位置信息。

12.3.2　YOLO 标注格式

　　YOLO 的标注位置信息与传统标注格式标注的不同，打开标注文件后内容如下：

YOLO 标注格式

```
1 0.3                   0.410138248847926 27   0.09354838709 67742   0.1382488479262673
0 0.21451612903225806 0.6255760368663594   0.11612903225806452   0.1774193548387097
0 0.6637096774193548   0.37442396313364057   0.07903225806451612   0.12672811059907835
1 0.7862903225806451   0.6175115207373272   0.09838709677419355   0.14746543778801843
```

在 YOLO 格式的标注信息中，每一行代表图像中的一个标注部分，每一列为该标注部分的内容信息，具体如下。

- 第 1 列表示标注对象在 classes.txt 中的索引位置，对应其类型。
- 第 2 列表示图像中目标对象 x 坐标除以图像的宽度后得到的相对坐标。
- 第 3 列表示图像中目标对象 y 坐标除以图像的高度后得到的相对坐标。
- 第 4 列表示图像中目标对象宽度 w 除以图像的宽度后得到的相对宽度。
- 第 5 列表示图像中目标对象高度 h 除以图像的高度后得到的相对高度。

现在我们已经了解了 YOLO 标注格式，接下来需要对数据集进行配置。

12.3.3 配置数据集

YOLO 数据集的图像文件与标签文件位于同一路径下，而 YOLOv5 需要区分这两类文件，因此我们需要将该数据集转移到 YOLOv5 项目路径下。进入 YOLOv5 的主目录，创建一个名为 temp 的文件夹和一个名为 move.py 的程序。

在主目录中打开命令行窗口。执行以下命令，即可完成 temp 文件夹和 move.py 程序的创建。

```
F:\yolov5-2.0> mkdir temp
F:\yolov5-2.0> cd temp
F:\yolov5-2.0\temp> copy nul move.py
```

接下来对 move.py 程序进行编辑。程序如下：

```python
import shutil
import os
file_List = ["train", "valid", "test"]
DATASET_PATH = "../../Datasets/facemask/"    # 确定 facemask 数据集的路径
for file in file_List:
    # 创建 VOC 文件夹
    if not os.path.exists('../VOC/images/%s' % file):
        os.makedirs('../VOC/images/%s' % file)
    if not os.path.exists('../VOC/labels/%s' % file):
        os.makedirs('../VOC/labels/%s' % file)
    f = open(DATASET_PATH + '%s.txt' % file, 'r')
    lines = f.readlines()
    # 按照 YOLOv5 标注格式复制数据集文件到 VOC 中
    for line in lines:
        line = DATASET_PATH+"/".join(line.split('/')[-3:]).strip()
        shutil.copy(line, "../VOC/images/%s" % file)
        line = line.replace('JPEGImages', 'labels')
        origin = line.split('.')[2:-1]
```

```
        extension = line.split('.')[-1]
        label_path = ".."+".".join([".".join(origin).strip(),"txt"])
        print(label_path)
        shutil.copy(label_path, "../VOC/labels/%s/" % file)
```

上述程序中，首先在主目录中创建一个名为 VOC 的文件夹，用于存储转移后的数据集，随后根据图像路径文本文件的内容，将图像文件和对应的标签文件分别复制到 VOC 文件夹中。

如图 12-3 所示，数据集已被分类为 images 与 labels 两个文件夹，这样才能够在 YOLOv5 中使用这些数据集。

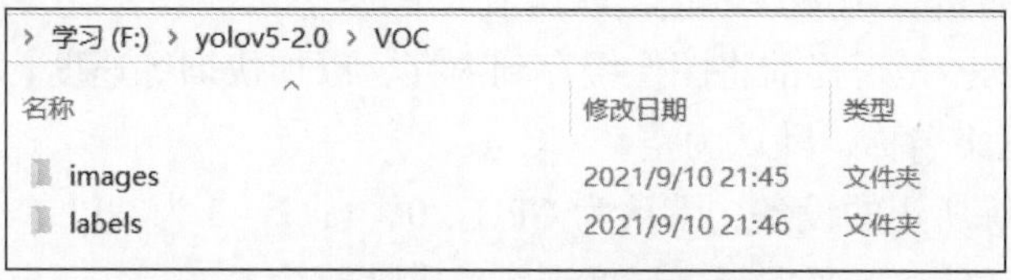

〉学习 (F:) 〉 yolov5-2.0 〉 VOC		
名称 ^	修改日期	类型
▥ images	2021/9/10 21:45	文件夹
▥ labels	2021/9/10 21:46	文件夹

图 12-3　VOC 文件夹界面

最后，我们需要对 YOLOv5 的数据集进行配置。

打开 data/voc.yaml 文件，修改其内容：

```
train: VOC/images/train/                        # 训练集路径
val: VOC/images/valid/                          # 验证集路径
test: VOC/images/test/                          # 测试集路径
nc: 2                                           # 检测的类别，当前只有两种类型
names: ['no_mask', 'mask']                      # 对应 classes.txt
```

修改完成后，YOLOv5 的数据集就配置完毕了。

12.4　YOLOv5 训练模块

YOLOv5 作者已经完成了训练模块的开发，我们只需打开主目录中的 train.py 文件，并修改 main() 函数中的参数，就可以进行训练。

12.4.1　训练模型参数

在这里，我们需要了解并修改以下三个主要参数。

- cfg：YOLOv5 模型的配置文件。该文件存放在 models 文件夹下，我们可以根据需求选择不同的文件。
- weights：YOLOv5 的预训练模型，需要与 cfg 对应。比如，cfg 选择 yolov5s.yaml，则 weights 就应配置为 yolov5s.pt。当 weights 为空时，使用随机初始权重文件。
- data：数据集的配置文件。

根据具体需求，还可以修改以下参数。

- hyp：用于指定超参数文件，可选参数。
- epochs：训练轮数，默认值为 300。
- batch-size：每批处理的数据量大小。
- img-size：训练集、验证集和测试集中的图像尺寸，默认值为 640 像素 × 640 像素。
- rect：是否使用矩阵训练，默认值为 False。
- resume：是否从上次中断的训练继续，默认值为 False。
- nosave：只保存最后一个模型，默认值为 False。
- notest：只对最后一个 epoch 进行测试，默认值为 False。
- noautoanchor：不自动调整 anchor，默认值为 False。
- evolve：是否进行超参数进化，默认值为 False。
- cache-images：是否提前将图像缓存到内存，以加快训练速度，默认值为 False。
- name：数据集名称，默认为空。
- device：训练所用的设备，默认为 CPU。0、1、2、3 为 GPU。
- multi-scale：是否需要进行多尺度训练，默认值为 False。
- single-cls：数据集是否只有一个类别，默认值为 False。
- sync-bn：是否使用跨卡同步。
- local-rank：进程的优先级。

以上为 YOLOv5 的训练模块参数。接下来，我们对训练模块参数进行修改，并使用修改后的参数对数据集进行训练。

打开 train.py，修改以下参数：

```
parser.add_argument('--cfg',  type=str,  default='models/yolov5s.yaml',
help='model.yaml path')                          #选择 yolov5s 模型参数
    parser.add_argument('--data', type=str, default='data/voc.yaml',
help='data.yaml path')                           # 更改数据集配置文件为自己的配置文件
    parser.add_argument('--weights',  type=str,  default='',  help='initial
weights path')                                   # 设置随机初始权重文件
```

参数修改完成后，即可通过 YOLOv5 对该数据集进行训练。

12.4.2 特殊情况

在 Windows 操作系统下，YOLOv5 依赖的 PyTorch 在训练过程中可能会出现以下错误：

```
OSError: [WinError 1455] #页面文件太小,无法完成操作
```

出现该错误，通常是因为硬盘的空间不足，可以通过以下几种方法解决。

（1）增大硬盘的空间，可以通过硬件升级实现，也可以通过设置虚拟内存来达成。设置虚拟内存的方法如下。

① 按"Win + R"组合键打开"运行"对话框，如图 12-4 所示，输入 control system，单击"确定"按钮，打开"控制面板"。

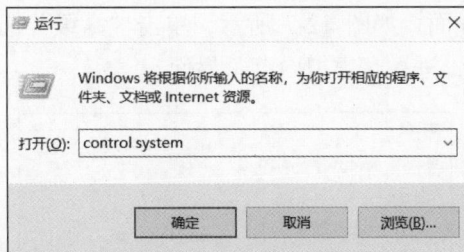

图 12-4　"运行"对话框

②　在"控制面板"界面，如图 12-5 所示，单击左侧"高级系统设置"链接，进入"系统属性"界面。

图 12-5　"控制面板"界面

③　在"系统属性"界面，如图 12-6 所示，单击"高级"选项卡，单击"性能"组中的"设置"按钮，进入"性能选项"界面。

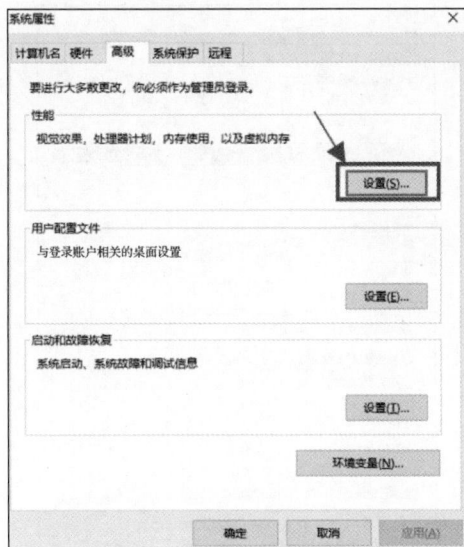

图 12-6　"系统属性"界面

④ 在"性能选项"界面，如图 12-7 所示，单击"高级"选项卡，然后单击"虚拟内存"组中的"更改"按钮，进入"虚拟内存"界面。

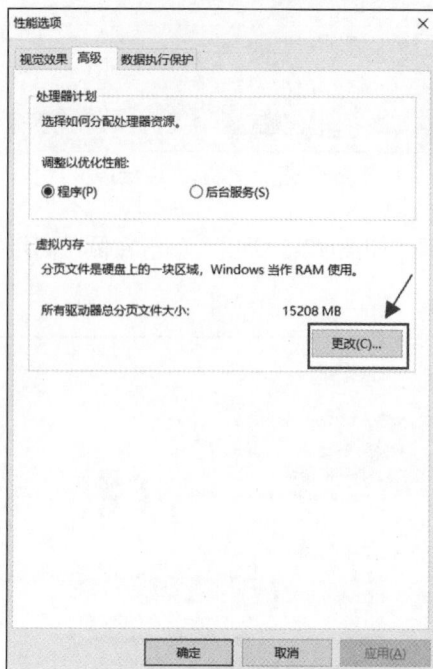

图 12-7 "性能选项"界面

⑤ 取消勾选"自动管理所有驱动器的分页文件大小"复选框，选择 YOLOv5 所在盘，选中"自定义大小"单选按钮，修改"初始大小（MB）"与"最大值（MB）"，单击"设置"按钮，然后单击"确定"按钮，如图 12-8 所示，即完成虚拟内存的分配。

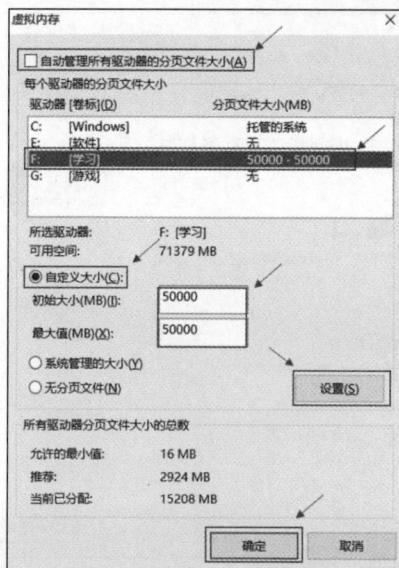

图 12-8 完成虚拟内存的分配

（2）修改 batch-size 参数，减小每批处理的数据量。

```
parser.add_argument('--batch-size', type=int, default=16, help="Total
batch size for all gpus.")
```

（3）修改 num_workers 参数，减少多线程数目。打开 utils/datasets.py 文件，修改第 65 行程序。

```
# 修改 num_workers 为 0 或 1
dataloader = torch.utils.data.DataLoader(dataset,
                                batch_size=batch_size,
                                num_workers=1,
                                sampler=train_sampler,
                                pin_memory=True,
                                collate_fn=LoadImagesAndLabels.collate_fn)
```

以上方法都能有效解决该问题。第一种方法能保持最高效率与质量进行训练，也是最简单、直接的方法；而另外两种方法需要"牺牲"部分训练时间与训练质量。

12.4.3　训练结果

训练程序运行结束后，模型即完成训练。我们可以在主目录中发现一个新建的 runs 文件夹，该文件夹用于存储训练模块每一次的运行结果或运行过程记录。打开 runs 文件夹，即可查看训练结果 exp0，如图 12-9 所示。

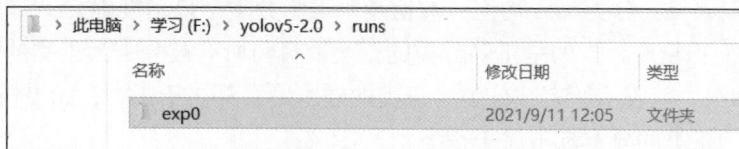

图 12-9　runs 文件夹界面

如图 12-10 所示，打开 exp0 文件夹，可以看到其中包含多个文件和子文件夹。其中，weights 文件夹用于存放训练完成的 pt 模型文件，results.txt 文件为训练结果文件，记录了每一轮的训练结果。此外，还有可视化的训练结果和图像预测结果等相关文件。

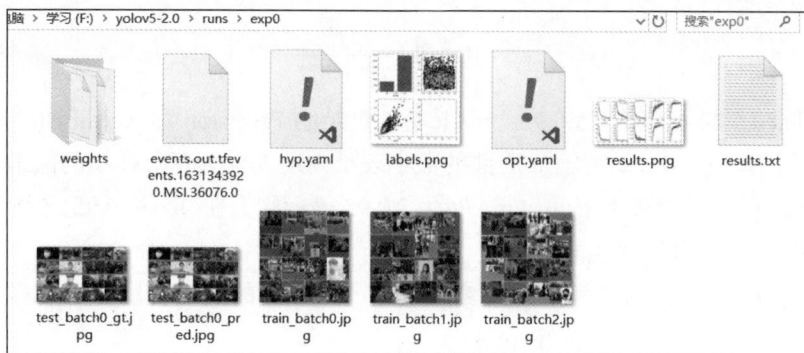

图 12-10　exp0 文件夹界面

图 12-11 所示为可视化的训练结果。

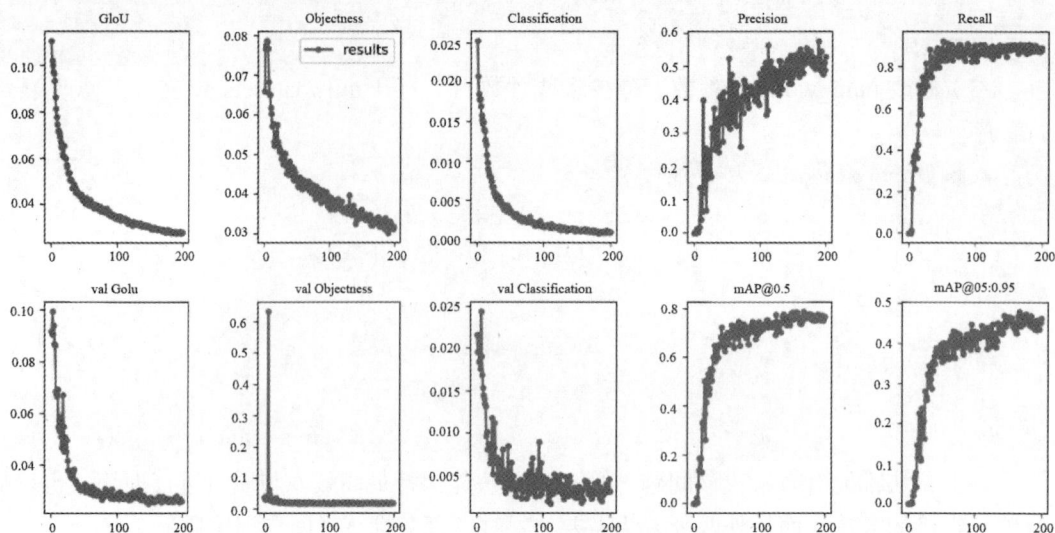

图 12-11　可视化的训练结果

部分训练结果含义如下。

- GIoU：损失函数均值，数值越小表示预测的边界框越精确。
- Objectness：目标检测 loss 均值，数值越小表示目标检测越精确。
- Classification：分类 loss 均值，数值越小表示分类结果越准确。
- Precision：精度，指的是正确分类的正类数目与所有被分类为正类的数目的比例。如果精度是 100%，就表示所有被分类为正类的样本确实都属于正类；如果精度是 0，就表示所有被分类为正类的样本都不属于正类。

$$\text{Precision}=\frac{TP}{TP+FP} \tag{12.1}$$

- Recall：召回率，指的是正确分类的正类数目与所有实际正类数目的比例。如果召回率是 100%，就表示所有的正类都被正确识别为正类；如果召回率是 0%，就表示没有一个正类被正确识别为正类。

$$\text{Recall}=\frac{TP}{TP+FN} \tag{12.2}$$

- mAP@0.5 与 mAP@0.5:0.95：mAP 是通过绘制 Precision 和 Recall 曲线后所围成的面积来计算的。其中 m 表示平均，@后面的数字表示判定 IoU 为正负样本的阈值。mAP@0.5 表示在阈值为 0.5 时计算平均精度，mAP@0.5:0.95 表示阈值在 0.5 到 0.95 之间每隔一定间隔计算平均精度，并取这些值的平均值。

对于可视化的训练结果，我们通常观测精度与召回率的波动变化。如果两者的波动变化较小，说明模型的训练效果较好。

观察图 12-12 所示的预测结果，可以看出 YOLOv5 的训练与检测效果非常好。

图 12-12　预测结果

12.5　YOLOv5 预测模块

YOLOv5 不仅提供了训练模块，还内置了预测模块。在主目录中，我们可以修改 detect.py 的参数，以便对指定数据进行预测，并显示可视化预测结果。

12.5.1　预测参数

YOLOv5 的预测模块参数如下。

- weights：YOLOv5 的训练模型。
- source：测试数据的来源，可以是图像或视频文件的路径，也可以是 0（表示计算机自带的摄像头），也可以是 rtsp 等视频流地址。
- output：网络预测之后的图像或视频的保存路径。
- img-size：网络输入图像的大小。
- conf-thres：置信度阈值，在 0 到 1 之间。预测结果的置信度低于该阈值时，将不会显示。
- iou-thres：非极大值抑制的 IoU 阈值。
- device：进行网络预测所用的设备，默认为 CPU。0、1、2、3 为 GPU。
- view-img：是否展示预测之后的图像/视频，默认值为 False。
- save-txt：是否将预测的框坐标以 .txt 文件形式保存，默认值为 False。
- classes：设置只保留某一部分的类别，形如"0"或者"0、2、3"等。
- agnostic-nms：进行非极大值抑制时，是否需要去除不同类别之间的检测框，默认值为 False。

- augment：是否采用多尺度、翻转等操作进行推理，默认值为 False。
- update：是否对所有模型去除权重.pt 文件中的优化器等信息。默认值为 False。

接下来，我们修改部分参数，并使用修改后的参数对数据集中的测试集进行测试。打开 detect.py，修改以下参数：

```
parser.add_argument('--weights',          nargs='+',          type=str,
default='./runs/exp0/weights/best.pt', help='model.pt path(s)')
    #选择训练完成的 pt 模型
parser.add_argument('--source',  type=str,  default='VOC/images/test',
help='source')  # 选择测试集为预测目标
```

修改完成后，即可通过 YOLOv5 对测试集进行预测。

12.5.2 预测结果

预测模块程序运行结束后，可以看到输出结果如下：

```
Results saved to F:\yolov5-2.0\inference/output
Done. (7.462s)
```

预测结果存放于参数 output 指定的路径下。打开 inference\output 路径下的预测输出结果，如图 12-13 所示。

图 12-13 预测输出结果

12.6　实战：口罩佩戴检测

至此，我们已经完成了对口罩数据集的训练与预测。在 12.5 节中，我们使用的是 YOLO 中已经开发好的预测程序。如果要对预测结果进行进一步处理，以满足个性化需求，就需要将 YOLO 与 OpenCV 结合使用。

由于训练的模型类型为 YOLO 类型，与我们常用的模型类型不同，因此我们将采用 YOLO 的模型模块进行加载。

程序如下：

```
from models.experimental import *
WEIGHTS_PATH = "./runs/exp0/weights/best.pt"
# 初始化设备
device = torch.device('cpu')
# 加载 pt 模型
model = attempt_load(WEIGHTS_PATH, map_location=device)
```

上述程序中，首先初始化运行设备，并通过 attempt_load() 函数加载 pt 模型。

YOLO 对数据的输入格式有严格要求，因此我们需要利用 YOLO 的 utils 模块对图像进行一系列预处理，再将处理后的图像传入模型进行预测。

了解了 YOLO 在程序中的作用后，我们使用 OpenCV 读取视频的图像帧，并将其传入 YOLO 模型中进行检测。

程序如下：

```
from models.experimental import *
from utils.datasets import *
from utils.utils import *


WEIGHTS_PATH = "./runs/exp2/weights/best.pt"
VIDEOS_PATH = "./inference/videos/People.mp4"


def transImg(img0, img_size=640):
    img = letterbox(img0, new_shape=img_size)[0]
    img = img[:, :, ::-1].transpose(2, 0, 1)  # BGR to RGB
    img = np.ascontiguousarray(img)
    return img
# 初始化设备
device = torch.device('cpu')


# 加载 pt 模型
model = attempt_load(WEIGHTS_PATH, map_location=device)
```

```
# 从模型中获取模型的分类名称
names = model.module.names if hasattr(model, 'module') else model.names
# 随机为不同的分类名称生成不同颜色
colors = [[random.randint(0, 255) for _ in range(3)] for _ in
range(len(names))]


capture = cv2.VideoCapture()
capture.open(VIDEOS_PATH)                    # 加载视频


while True:
    ret, frame = capture.read()
    if not ret:
        break
    img = transImg(frame)                    # 改变图像尺寸并将 BGR 转为 RGB
    img = torch.from_numpy(img).to(device)   # 将 NumPy 数组转换成 Tensor 张量
    img = img.float()              # 将 uint8 类型转为 float16/32 半精度浮点类型
    img /= 255.0                             # 归一化处理


    if img.ndimension() == 3:                # 判断图像维度是否为 3
        img = img.unsqueeze(0)               # 在第 1 个维度上增加一个维度


    # 图像预测
    pred = model(img, augment=False)[0]


    # 非极大值抑制处理
    pred = non_max_suppression(pred, 0.4, 0.5)


    # 预测结果可视化绘制
    for i, det in enumerate(pred):           # 遍历检测到的结果
        if det is not None and len(det):
            print("Face mask detection count: %i" % len(det))
            det[:, :4] = scale_coords(img.shape[2:], det[:, :4],
frame.shape).round()
            # 绘制预测结果
            for *xyxy, conf, cls in det:
                label = '%s %.2f' % (names[int(cls)], conf)
```

```
            plot_one_box(xyxy, frame, label=label,
color=colors[int(cls)], line_thickness=2)
    cv2.imshow("Face Mask Detection", frame)
    k = cv2.waitKey(0) & 0xFF
    if k == 113:  # 按 q 键退出
        break

capture.release()
cv2.destroyAllWindows()
```

上述程序首先加载 YOLO 模型，从模型中获取分类型，并为不同分类型设置相应的可视化颜色。随后，使用 OpenCV 加载视频，并对每一帧图像进行 YOLO 预处理。将处理后的图像传入模型进行预测，并对预测结果进行非极大值抑制。最后，对预测结果进行可视化显示。

运行该程序，得到图 12-14 所示的检测结果，可以看到预测既精准又快速。该程序实现了 OpenCV 和 YOLO 的结合使用。在该程序的基础上，我们可以针对自己的需求进行拓展。

图 12-14　口罩佩戴检测结果

12.7　小结

本章，我们学习了 YOLOv5，并通过 YOLOv5 进行了数据集的训练与预测。在本章最后，我们使用所训练的模型在 OpenCV 中进行了预测。

通过一系列操作，我们了解了 OpenCV 在深度神经网络项目中的应用。读者可以参照以上案例，尝试对自己的数据集进行训练与预测。

习题

1. YOLO 的全称是＿＿＿＿。

2. 在训练参数配置中，用于设置每批数据量大小的参数是（　　　）。
   A. batch-size
   B. img-size
   C. size
   D. data-size

3. 在预测参数配置中，如果要对计算机自带的摄像头进行测试，则需将 source 设为＿＿＿＿。

4. 在进行目标预测时，需要使用 OpenCV 对 YOLOv5 训练好的模型进行预测，YOLOv5 的模型文件格式为＿＿＿＿。

5. 在 YOLOv5 训练中，修改训练配置文件，测试模型在不同训练轮数条件下的效果。
   （1）100 次训练轮数。
   （2）500 次训练轮数。
   （3）1500 次训练轮数。
   （4）6000 次训练轮数。

观察 runs\exp\results.png 的程序运行结果图表，请解释结果，并说明随着训练轮数的增加，模型训练结果发生了什么变化。

6. 使用关于防护帽的数据集，通过 YOLOv5 进行训练，以实现对图像中防护帽的检测。